U0142885

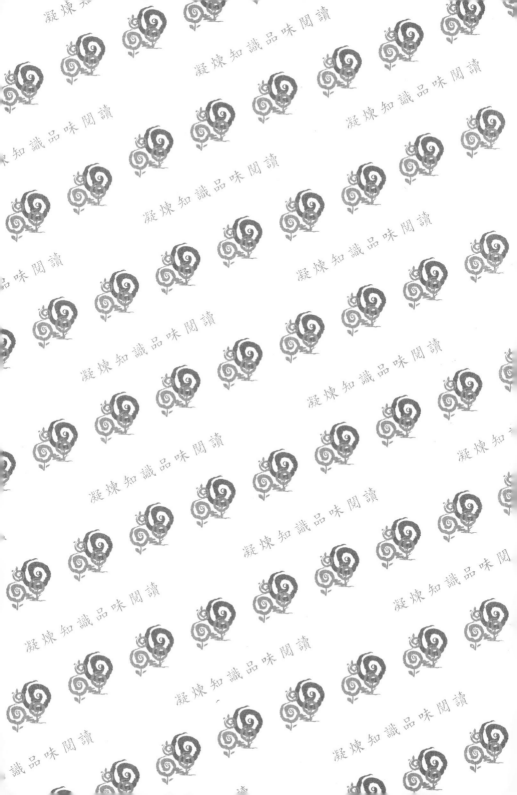

品牌管理

Brand Management・第2版　　朱延智 著

擁有市場比擁有工廠更重要！

———————————————— 美國廣告研究專家 萊利・萊特

五南圖書出版公司 印行

序　言

　　品牌是產品或服務的象徵，所涵蓋的領域，包含核心價值、對消費者的承諾、形象、商譽、企業文化，以及總體營運管理。因此說品牌是企業總體競爭力的總和，一點都不為過。事實上，一國競爭力的大小，與其在國際市場品牌的數量與影響力強弱，也有著極密切的關係。尤其在微利化時代的產業競爭，沒有自己品牌的代工模式，已經不是中華民國產業的比較利益。目前對我國中小企業來說，與其說發展品牌，是賺錢策略，不如說是一條不得不然，也無法回頭的求生之路。對國家經濟發展，也是如此。

　　知道品牌管理的重要性，但如何進行品牌管理，則是更實際的議題。因為在設計品牌核心價值與定位之後，緊接著如何行銷品牌、擦亮品牌、管理品牌，進而使品牌為企業帶來豐厚的溢價，是我國整體產業轉型的當務之急。自金融海嘯、歐債危機及中國錢荒的連鎖波及的效應下，品牌如何建立、如何管理、如何處理危機，這些都是本書核心重點。這本書適合設計學系、企業管理系、行銷系、國貿及商學等相關系所，以及目前正從事品牌工作的企業幹部研讀。

　　這本書要非常感謝毓芬、家嵐和安琪小姐的大力幫忙，這份情誼深刻我心，永銘不忘！同時對於專家的相助與指導，在此特別表示感謝。本書寫作的過程中，國內著名設計專家王秀琴教授，對於專業上的指導，資料的提供，以及二嫂李明月對於品牌「阿原肥皂」的提供，在此都一併深表感謝。至於個人專業淺陋的錯誤或疏忽，懇請學界與專業先進指教，共同來幫助這一群渴望求知的孩子們，使他們能夠成為開拓我國海外市場的品牌指揮官。

目　錄

1

品牌設計與管理概論

■ 第一節　品牌的意義

品牌（Brand）一詞，在 Don E. Schultz, Beth E. Barnes 的《品牌策略》中，係爲古斯堪地那維亞語，引申作「燃燒」。原先意指某產品或事務的來源、製造者或擁有者，後來衍生出更普遍的用法，如「烙印」在牛、馬、羊，或是其他的財產，以示區隔。隨著商業的發展，品牌開始用來表示某種產品的起源或來源，或是用來區隔如銀器匠、陶瓷製造者、皮革匠與製刀匠等製造者的產品。

企業品牌既可以傳遞品牌價值，提供顧客保證，又能給予組織進行差異化的表現，以便與競爭者有所區別。品牌等於是一種與消費者訂定有關於品質、特色、服務表現的契約。由此可知，品牌是一種符號，若能發展出成功的視覺符號（標誌），就能整合和強化一個品牌的認同感。由於品牌在商業上，已占有獨特的地位。本節將對品牌名詞，根據其意義加以說明。

一、品牌意義

（一）美國行銷學會（American Marketing Association，簡稱 AMA）：「品牌是一個名字（Name）、術語（Term）、標誌（Sign）、符號（Symbol）、設計（Design），或它們的聯合使用；這是用來確認一個銷售者，或一群銷售者的產品或服務，以便與競爭者的產品或服務，有所區別。」

（二）菲立普・柯特勒（Philip Kotler）：「品牌代表著一個名字、名詞、符號、象徵或設計，甚或是這些東西的總和，企業希望藉著品牌，能夠讓別人辨別出產品或服務，及所歸屬的公司，

並且和競爭者產品產生區隔。」

（三）Mullen：「當一個人偶遇這家公司的商標、商品、總部，或公司的代表性設計時，心中所產生的所有思想、感覺、聯想及期望的總和。」

（四）Farquhar：「品牌是指一個名稱（Name）、符號（Symbol）或標記（Mark），其能附加產品除了功能性目的外的其他價值（Value）。」

（五）理察·寇克（Richard Koch）：「品牌就是組織給一項產品或業務的一個視覺設計或名字，它的目的是為了和競爭產品有所區隔，並向消費者保證這是品質穩定、優良的產品。」

（六）布茲·亞倫（Booz Allen）和漢米爾頓（Hamilton）：「品牌是與市場溝通重要資料，以及影響採購決定的一種速記方法。」

綜合言之，品牌是「生產者提供給消費者，一組（屬性、利益、價值、文化、個性）具一致性，及特定產品特性、利益、服務的承諾」。

二、品牌意義的案例解說

以永光化學為例，包括產品屬性（太陽能染料吸光強、藥劑效用強）、利益（效果高、表現自我特色）、價值（節能、環保、高聲望）、文化（代表中華民國重組織制度、講求高品質、高品格的文化）、個性（前瞻的、重環保的）、顧客類型（太陽能廠），當某一品牌能清楚傳達上述六個構面的意義時，其在消費者心中具備深刻的印象。

三、品牌三大面向

　　品牌涵蓋三大面向，一是外貌，二是內涵，三是溝通。（一）外貌是指識別的名稱或符號，例如，外在的顏色、款式、型態、標誌、商標、或是一種包裝設計；（二）內涵就是產品或服務的品質與功能；（三）溝通則是透過廣告、通路、價格、體驗等，與消費者進行溝通。當然也可以從有形要素與無形要素來加以說明。有形的要素，著重品牌名稱，與企業或企業所提供的產品聯繫起來，以便和其他企業或產品有所區別。無形的要素，則重在產品保證、品牌承諾，符合特性並具連貫性、一致性。若更細分品牌無形的要素，則有品牌性格（Personality）、文化（Culture）、關係（Relationship）、反射（Reflection）及自我形象（Self-image）等五項。

第二節　品牌管理（Brand Management）

　　孔茲（Koontz）對於管理的定義是：「經由他人的努力，而達成的任務。」彼得・杜拉克（Peter Drucker）的定義：「管理是一種功能、專業、科學。」陳定國博士認為「泛指主管人員經由他人的力量，以完成工作目標的系列活動。」伍忠賢博士則主張：「管理別人把事做對。」

　　本書將「品牌」與「管理」的意義，結合起來，將品牌管理定義為：「企業對消費者所承諾的利益與服務，運用規劃、組織、用人、領導、控制等手段，使承諾能具體、有效、及時地被實踐。」

一、品牌管理兩大面向：品牌管理是一項相當新穎的管理思維，基本上，可分為內在品牌管理與外在品牌管理。內在品牌管理，主要是動員公司上上下下，投身「做品牌」。外在品牌管理，則是以消費者為中心，對消費者保證，品牌承諾的有效與具體實踐。

二、品牌管理的步驟：品牌管理有五大基本步驟，第一、確認品牌的目標客戶；第二、掌握所處的市場環境與位置；第三、仔細研究顧客、競爭對象和市場趨勢；第四、制訂品牌管理的目標；第五、具體實踐品牌承諾。

第一、確認品牌的目標客戶：如果沒有市場研究的資訊，就貿然提出品牌方案，恐怕就註定要失敗。品牌管理要考慮的因素有，顧客、合作伙伴、批發商、投資者。在實行品牌管理前，尤其要確認品牌的目標客戶，唯有對他們充分地認識和掌握，才能提出有意義的品牌承諾。

第二、掌握所處的市場環境與位置：品牌不是在真空中建立的，而是在一種特殊的經濟、文化的市場環境中。要在這個環境中生存與發展，就必須先認識這個環境，進而適應這個環境。

第三、仔細研究顧客需求、競爭對象和市場趨勢：如何對品牌進行全面定位，取決於四大因素的相融合，包括：所處的位置、顧客需求、競爭對手的位置以及影響自我品牌市場的主要壓力。只有理解這些議題，才能為企業的將來，建立恆久的發展基石。當對市場進行分析時，必須研究影響市場長遠的因素，而非僅僅是突發的短期因素，同時要清楚了解競爭對手的品牌策略，以及對方的市場發展趨勢。

第四、制訂品牌管理的目標：在進行第四步時，必須完成四大工作。（一）確認品牌核心優勢；（二）提出具競爭性、具吸引力的品牌承諾；（三）提出爭取消費者認同的策略；（四）建立品牌相關組織。

第五、具體實踐品牌承諾：仔細研究顧客需求、競爭對象和市場趨勢後，所提出的具吸引力的品牌承諾，必須徹底實踐。也就是，「說得到，做得到」！這樣品牌的可信度，才能在消費者的心中，被建立起來。

第三節　設計的意義

品牌設計是品牌戰役中，不可或缺的重要環節。因為我們每天接受的信息，有 70% 來自視覺，不管是建築、工業、機械設計，或其他產品等，都會牽涉到設計的範疇。一般來說，越重視品牌的企業，就會越重視「設計」。同時，外觀較美的設計，也會被認為比不美的設計，更具價值。所以前 IBM 董事長華生（Thomas J. Watson）有句名言：「好的設計，就是好的生意（Good design is good business.）。」如今設計已成為各行業努力的方向。

一、設計意義

歐洲人說：「設計」是人類用智慧及技巧，解決問題的一種創意活動。

猶太人說：「設計」是一種有市場性及商品化的創意活動。

日本人說：「設計」是一種有附加價值的創意活動。

其實「設計」最核心的目的，在於改進人類的生活品質，提升社會的文化層次。所以設計的意義是「透過圖文或符碼的創

作，將設計語言轉換成具有形狀、色彩、質感，在一定時間與空間內，呈現給消費者的產品」。

以下學者對「設計」，都提出各自的見解。

（一）Misha Black：英國工業設計教育家 Misha Black 爵士，代表「國際工業設計團協會」（International Council of Societies of Industrial Design, ICSID）所下的定義是：「設計是一種創造的行為，其目的在決定產品的真正品質，所謂真正品質，並非僅指外觀，主要乃在結構與功能的關係，俾達生產者及使用者，均表滿意的結果。」

（二）Neil Mcilvaine：美國工業設計師協會（Industrial Designers Society of America, IDSA）定義設計：「設計乃是一種創造，及發展產品新觀念、新規範標準的行業；藉以改善外觀和功能，以增加該產品或系統的價值；使生產者及使用者俱蒙其利。其工作恆與其他開發人員共同進行，如經理、工程師、生產專業人員等；設計的主要貢獻，乃在滿足人們的需要與喜好，尤指產品的視覺、觸覺、安全、使用方便等。」

（三）王受之：「所謂設計指的是把一種計畫、規劃、設想、問題解決的方法，通過視覺的方式傳達出來的活動過程。」

二、設計涵蓋層面

（一）設計涵蓋計畫、草圖、素描、結構、構想、樣本、策略、組織等。

（二）有時構想很難單獨地以言語說明清楚，故必須配合草圖、圖面、樣本、模型或品質表，將它視覺化！經由其適當輔助物，設計才能得到具體的體現，整個過程裡的各個小過程，都屬

設計的一環。

三、「設計」四大面向

（1）設計是創造行為，透過產品來表現創意。

（2）設計是造型活動，應用科技表現造型的美學效果。

（3）設計是經濟行為，滿足使用者與生產者的不同需求。

（4）設計是文化創意，經由產品營造日常的生活文化。

設計是在產品發展的同時，加入美學以吸引消費者之注意力，刺激購買意願，進而增強產品的實用價值，並提升社會的文化層次。

四、設計功能

創意的設計→為品牌形象發聲；以感動與驚喜的造型→為消費者提供更好的使用體驗；獨特設計的包裝→拉近品牌與消費者的距離；獲得企業目標效益；對總體產業來說，設計有助產業的轉型。

第四節　設計管理（Design Management）

中華民國的產業發展，與設計管理的發展階段是相符合的。台灣從代客加工（Original Equipment Manufacturer, OEM）做起，進而代客設計（Original Design Manufacturer, ODM），到自創品牌（Original Brand Manufacturer, OBM）的努力。目前正努力邁向「美學體驗」，感性的科技設計，以提升設計能量與品牌價值。

事實上，自20世紀以來，設計融合了藝術、文化與科學，

以解決社會的問題，並重新定位人類的生活形態。隨著科技的進步，設計大致可分成五個階段，每個階段都可用一個「F」來代表：（1）30 年代的功能設計（Design for Function）；（2）50 年代的友善設計（Design for Friendly）；（3）70 年代的愉快設計（Design for Fun）；（4）90 年代的新奇性設計（Design for Fancy）；（5）21 世紀的人性化貼心設計（Design for Feeling）。

起初人們認為設計管理，可能只是個曇花一現的時髦概念。但是時間證明，隨著設計在社會、經濟、生態、科技、文化等各領域發展進程中，扮演越來越重要的角色，設計管理的理念，也就被越來越多的人所接受。

設計管理一詞起源於 1965 年，英國皇家藝術學會（The Royal Society of Arts, RSA）頒發「設計管理最高榮譽獎」，藉以鼓勵企業設計活動，經由廣泛性、合理性、計畫性的步驟，使顧客、公司員工及相關人員，對公司有整體品質的認同。「設計管理」一詞，由此而被討論長達近半個世紀。以下四位學者對它的含義，都有深入的剖析與說明！

（一）鮑韋爾（Earl Powell）：美國設計管理協會（The Design Management Institute）主席鮑韋爾將設計管理定義為：「以使用者為著眼點，進行資源的開發、組織、規劃與控制，以創造有效的產品。」

（二）法爾（M. Farr）：英國設計師法爾認為：「設計管理是在界定設計問題，尋找最合適的設計師，且盡可能地使該設計師準時解決設計問題，並核准該設計師所需的預算。」

（三）李硯祖：2002 年，李硯祖在《藝術設計概論》一書中，

對「設計管理」定義：「設計管理可以理解爲對設計活動的組織與管理，它是設計借鑑和利用管理學的理論和方法，對設計本身進行的管理，即設計管理是在設計範疇中所實施的管理。設計管理涉及設計和管理兩方面不同的層面和內容。」

（四）朱延智博士：「透過規劃、領導、用人、控制等手段，使造型與美學等行動，更有效率地滿足消費者需要。」

設計正成爲推動企業戰略成功的力量，但由於每個企業的情形不同，所屬行業不同，最佳匹配的設計管理模式，也不盡相同。因此，企業必須找到適合於自己的模式，發展屬於自己企業的設計管理模式。不過在過程中，設計管理應特別注意兩大面向，才能有效率地達到目標。

第一、設計能量方面：設計策略、設計流程、創新手法、前瞻設計研究與趨勢分析、設計專利、設計與行銷之前端合作開發流程、設計人力素質提升……等。

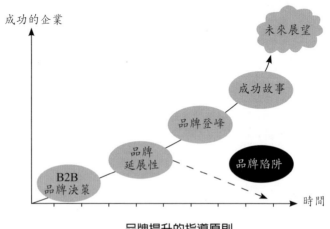

品牌提升的指導原則

第二、設計組織方面：建立有戰鬥力的設計組織，完成客戶的需求。這個設計組織必須隨時依據客戶的需求，檢視設計進度，並提前完成。

第五節　品牌特性

品牌是長期所累積的形象、企業對消費者的承諾、商品與消費者的關係、感性與理性知覺的綜合體、一種經過設計的綜合體驗、有價值的資產、長期且昂貴的投資……，由此可知，品牌具有多面向的特性。以下將藉由具體的方式來說明這些面向的特性。

一、生存性

企業面臨快速、劇烈的環境變遷，諸如產業科技的變動、消費者需求、經營環境、金融環境、政治環境等驟然的變動，這些皆迫使企業要採取應對的策略。企業在應對環境變遷所採取的可行策略方案中，發展品牌是一個可能發展的趨勢。在目前消費緊縮的時刻，品牌的知名度愈高，品牌價值就愈能得到認同，消費者購買的可能性愈大，市場占有率就可以擴大！在景氣寒冬中，品牌價值也就更被凸顯出來！

二、管理性

當產品掛上品牌之後，如何管理品牌，才是重點。品牌管理通常是先從內在品牌管理（Internal Branding）做起，然後再經營外在品牌管理（External Branding），其間涉及到規劃、組織、用人、領導及控制等議題，它也需要企業投入資源與努力。品牌管理是一個系統的工程，不能將各項變數單獨割裂開來做，而應

該充分考慮到品牌各方面的要素，例如，品牌的視覺符號、品牌的知名度、廣告等，不可少的基礎管理工作。即使有朝一日，品牌擁有高知名度，如果忽略品牌其他面向（例如品牌資產經營、產品的售後服務）的管理，在市場競爭中，也可能出現品牌陣亡！

三、外向性

新加入市場的品牌，必須以更戲劇化的展示，獨特的視覺風格，簡單到消費者一眼就能看出其品牌特點。新品牌不斷湧現，忙著搶奪有限的市場，舊品牌也要鞏固市場、擴大占有率。企業為了生存，就要不斷透過品牌，向消費者展示其能動性，展示其對消費者的益處，以爭取消費者的認同感、熟悉感與信賴感！為了留住熟客、吸引新客，品牌應展現外向性，常見的慈善奉獻（Philanthropy & Charity）、運動行銷（Sport Events）、綠色行銷（Green Marketing）、議題發揮、品牌廣告、國際參展、高速公路巨型看板等方式，都是品牌外向性的具體表現。品牌的外向能動性愈高、愈外向，它的生存力就愈高！Kleenex 原本是一個面紙的品牌，因其外向能動性，結果就成了「面紙」的英文單字。以台鹽為例，它針對綠迷雅銀妍系列商品，持續打出「不止寵愛顧客，而且要溺愛顧客」的外向服務訴求，來極大化品牌核心價值。

四、功能性

品牌可以用來解決外在消費需求，以及透過品牌，就可以知道品牌的用途，這就說明了品牌的功能性。例如要洗衣服，有一匙靈洗衣精的品牌；要查英文字典，有所謂快譯通翻譯機；搭捷

運有台北捷運悠遊卡；想喝茶有天仁茗茶等品牌。

在不景氣的大環境下，消費者多半還是會傾向選擇，過去慣用或品牌形象良好的產品。因為與其冒著不確定品質的風險，嘗試一些更便宜的產品，倒不如在能力之內，繼續使用慣用的品牌，這裡同時牽涉到的消費心理是：在動盪的環境下，購買能滿足期待與功能的產品，會讓消費者比較覺得滿足與安心。以信義房屋品牌發展為例，激烈的競爭環境，服務項目大都難分軒輊，然而信義房屋透過品牌的力量，成為消費者品牌印象的第一名，也擁有了其他業者不易超越的競爭優勢。看到這個品牌，就知道它能解決什麼問題。

品牌是消費者認識企業特徵的第一步，事實上，品牌對消費者還具有多項的功能：辨識產品的製造來源；降低購買搜尋成本；追溯產品責任、降低購買與使用風險；提供產品或服務一致的品質、推廣、通路、價格的承諾；一種符號與象徵品質的訊號。如果要具體區分這些功能，則包括三大部分：

（一）功能導向（Functional-Oriented）：品牌能帶給消費者功能、用途多樣性等感覺，並引起搜尋解決消費者相關問題的產品需求，例如，預防問題以及解決問題的需求。

（二）象徵導向（Symbolic-Oriented）：主要滿足消費者的內在需求，諸如社會地位的象徵、自我形象提升及自我豐富化等。

（三）體驗導向（Experiential-Oriented）：品牌對於消費者的主要訴求就是，滿足消費者對於刺激性及多樣化的需求，以提供消費者在感官上的愉悅感與認知。

五、文化性

　　一個品牌如果成為某種文化的象徵，那麼它的傳播力、影響力和銷售力將是驚人的，因為這個品牌已占據了人類的心靈！國際知名的品牌，大都擁有淵遠流長的歷史與文化，這表示他們抓到了人類深沉需求的重心。例如，可口可樂成功地將美國人的精神和生活方式融入到其品牌上；萬寶路展示了美國西部牛仔陽剛、豪邁的「硬漢」形象，並反映出勇敢、正義和自由的精神；星巴克營造出都市白領族群一種忙中偷閒、講求品味和情調的咖啡文化。凝聚文化的品牌，可透過消費者的移動向外傳播，例如寶鹼（P&G）在日本市場的成就，就是另一個文化滲透的例子。在二次世界大戰之後，由於美軍進駐日本時，普遍使用了寶鹼的產品，寶鹼很快就滲透到日本市場，成為普受消費者歡迎的品牌。事實上，新東陽牛肉乾或新竹米粉在各國市場的銷售，也可歸因於人口流動（台灣移民）的示範消費，所造成的文化滲透。

　　新時代設計的定義，就是確認文化脈動為設計精神的所在。故此，未來的設計，更應回歸到人文美學的文化觀點，科技只是技術輔助的工具，設計師應掌握社會文化的脈動，作為設計參考，並將其反映在設計上，這樣才更能吸引消費者。大陸溫州特創的紅蜻蜓品牌，為顯示品牌的文化底蘊，不啻聘請學者編撰《鞋履文化辭典》，並在門市鞋區展示該辭典，以顯示其文化性的深厚。

六、特殊性

　　每一個品牌都應該有其特殊性，品牌設計大師馬克‧葛伯利（Marc Gobé）建議以「情感化品牌」，做為品牌特殊性的內涵。他建立的公式是，

情感品牌＝創新＋品牌個性＋文化

品牌除了形象、個性風格、策略，有其特殊性之外，當品牌建立之後，也會產生另一項特殊性，這項特殊性可以用可口可樂 CEO 所說的話為代表，他說：「即使可口可樂公司在一夜之間，被大火燒為灰燼，它在第二天就能重新站起來，因為可口可樂的品牌價值，高達 600 多億美元，這就是品牌的力量，是大火燒不掉的財富。」

七、替代性

品牌經營要面對優勝劣敗的強者勝、弱者亡的高度競爭環境，當消費者選擇某一品牌時，自然就會替代其他品牌。所以品牌與品牌之間具有替代性！品牌為避免被替代，就應該分析替代品牌的整體戰力。分析時絕不能忽略的要素有八點：（1）替代品牌的市場占有率、市場成長率及獲利情形。（2）替代品牌的強項及弱點。（3）替代品牌的目標及承諾。（4）替代品牌的形象及定位策略。（5）替代品牌過去策略及目前策略。（6）替代品牌的成本結構。（7）替代品牌退出障礙。（8）替代品牌相關組織及企業文化。

八、成本性

品牌經由長期的經營，結果就有可能成為「品牌資產」（Brand Equity），但它的前提是，企業要去經營及投資「品牌」。儘管做品牌不是有錢就可以，但是沒錢一定不行。例如，品牌建立的背後，絕對離不開產品開發、商標設計、技術提升、品質監控、品牌廣告、市場行銷，若要引領時尚潮流，可能還要重金聘請日、

港、韓偶像明星，這些都要投入成本。72 歲的法國時尚教父迪迪埃‧戈巴客（Didier Grumbach）說，一個世界級的品牌，至少要 20 年的時間才能養成。實際上，台灣前二十大品牌如：巨大、康師傅與正新等廠商，都是在從事品牌投資多年之後，才發展成強勢品牌。以裕隆集團為例，當初投入數十億元開發「飛羚101」，目前又投入新台幣上百億元的資金，自創品牌的汽車，其中由旗下華創車電出面，以支付技術報酬金方式，向法國馬特拉集團取得 ESPACE 底盤使用權，並將宏達電、億光、益通及華晶科技等公司所開發的車載通訊系統、LED 頭燈、太陽能天窗，及汽車影像安全系統等多項電子產品，先後裝置在雛型車上，這些都要花大筆的資金。至於 BenQ，也是在累積 300 多億資產時，才開始著手進行投資發展品牌，這就顯示品牌的成本性。以下四個部分，也說明需要投入品牌成本。

（一）產品費用：根據 Brown（1985 年）的研究指出，要推出一個新產品，並建立起全球一定的知名度，大概需要五千萬到一億元美金的成本。

（二）行銷費用：大部分在媒體出現的廣告，都是經由廣告主購買媒體時間，或購買媒體版面的付費傳播，想要快速嶄露頭角，花大錢砸廣告、參展、促銷、給予銷售獎勵金等，都要投入經費。例如，台灣手錶產業 ROSDENTON（勞斯丹頓）的品牌，一整年的行銷成本，就需要 8 千萬元。2013 年宏達電邀五月天為新 htc one 代言，新聞報導約 100 萬美元，找〈鋼鐵人〉主角小勞勃道尼，為品牌宣傳兩年，也傳出要花 3.6 億台幣。

（三）通路競爭：缺乏名氣或剛創建的品牌，若要切入主流

的連鎖通路，靠的就是投入「資金」！例如，付費讓產品上架，而且要比競爭者高，否則，一旦競爭者付出更高上架費，就有可能將新品牌的產品全面下架。

（四）消費者權益保護：國際市場大多會保障消費者，擁有絕對的解約權利（在一定期限內無須任何理由可以退貨），這些拆封使用過的產品，不能再當新品銷售，只能標註「水漬品」折價銷售，此類損失往往超過品牌廠商預期範圍。經營品牌是企業長期的承諾，代價很高，如果企業沒有足夠的決心與強度，可能會遭遇嚴重挫折。

九、利潤性

品牌資產可以被衡量，它可以是無形資產，如行業地位、競爭優勢、品牌價值估計、信任度等；它也可以是有形資產，如：營收表現、市值表現、抵押貸款、投融資能力、人才吸引力、政府政策傾斜或支持，以商標專用權來說，商標註冊人有權許可他人使用商標以獲取報酬。依據凱勒（K. L. Keller, 2003）的觀察，品牌主要利益可以歸納為下列十點：（1）較大的忠誠度，（2）面對競爭性行銷活動時較不脆弱，（3）面對行銷危機時，較能經得起考驗，（4）較大利潤，（5）消費者反應漲價時較無彈性，（6）消費者反應降價時較有彈性，（7）較多商業（經銷商）合作與支援，較高之合作與支持，（8）增加行銷溝通的效果，（9）可能的特許機會，（10）增加品牌延伸的機會。

十、戰鬥性

為了要永續生存，品牌本身必須面對本土品牌及外來品牌的挑戰。在品牌具有替代性的情況下，沒有一個品牌願意被取代。

所以品牌既是腦力戰、資源戰，更是行銷戰，打贏的就可以在顧客的意識中，深深地根植品牌的印象，成為消費者的抉擇與偏好。顧客表現在品牌選擇行為上，可確切反映品牌間的鬥爭態勢。在鬥爭激烈的成熟產業中，廠商無不致力於監控品牌競爭態勢，藉此評估行銷努力的成效，以及找出可能的市場契機。品牌經營與生存的環境，並非和平的環境！

品牌與品牌的戰場深受消費者的關注，目前由於受到全球化景氣寒冬的影響，各國產業都面臨日益嚴苛的衝擊，更凸顯品牌和品牌間戰鬥的激烈！而且戰鬥已從商品價值戰，提升到品牌的價格戰。如果企業不注意這個戰場的激烈性，任何的疏忽，都可能使市場占有率節節衰退。此外，也要注意品牌有形與無形的資產，如仿冒或專利權等侵蝕，以免造成企業的虧損。

十一、繁殖性（Proliferation）

無論是現有品牌廠商推出新品牌，或是利用原品牌優勢，透過品牌延伸至新的產品範圍，或將品牌授權給其他製造商使用，以滲透至新市場，這些都是品牌繁殖性的代表。品牌繁殖是在 20 世紀 80 年代以後，才引起國際經營管理學界的高度重視。品牌繁殖有狹義和廣義之分，狹義的品牌繁殖，指將現有品牌繁殖使用到新產品之上的經營行為，這裡的新產品是指，與公司原有產品在原理、技術和工藝結構所使用的主要原材料上，存在巨大差異的那些產品。廣義的品牌繁殖，不僅包括將現有品牌使用到新產品之上，還包括將現有品牌使用到經過改進的現有產品之上的行為。這種「改進」，包括口味、包裝、容量，甚至形狀的變化。改進的產品，不再是一種具體的產品，而是一條產品線。在這條

產品線上，單個產品與產品之間，既存在著工藝、技術和結構上的相同之處，又存在著容量、口味、顏色等方面的差異。繁殖策略各有不同，以宏碁為例，就曾透過併購方式，讓旗下個人電腦的品牌，從一個擴增到四大品牌，如 acer、Gateway、Packard Bell 及 eMachines。

十二、變化性

「品」這個字的三個「口」，是代表多數人的口碑與想法，三個口也可以代表多數人的使用結果，當社會大眾都認同某品牌之後，自然會形成強勢品牌。當強勢品牌出現後，通常會擁有品牌知名度、品牌認知度、品牌聯想和品牌忠誠度等四方面的資產。不過這三個「口」會隨時間改變，如果商品或服務的期望品質，與品牌所承諾的差距過大，例如，雪印奶粉曾造成日本萬人中毒，三菱汽車瑕疵導致車毀人亡，三鹿奶粉傷害許多無辜嬰兒，三個「口」所帶出來的想法，將重創該品牌。

當然，如果能長期用心經營，品牌也可能從不具知名度的嬰

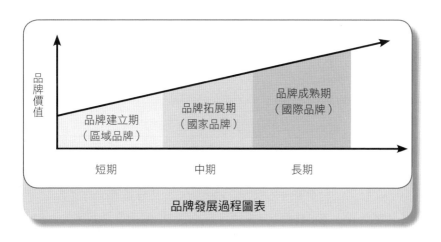

品牌發展過程圖表

兒期，發展到成熟的全球品牌，所以品牌不是一成不變的，端看
企業的用心與投入。

十三、危機性

　　那些不能讓消費者立即辨識特點的品牌，都有可能面臨下架
消失的危機。危機也可能來自於環境的變化，例如，這次的金融
危機，許多百年老字號的品牌，如義大利的時尚產業品牌、美國
金融業（雷曼兄弟、美林）、汽車業（通用汽車、克萊斯勒）品
牌，韓國（三星）品牌、我國半導體產業品牌（力晶、茂德）、
日本電子產業（Sony）、德國高級瓷器和餐具的代名詞 Rosenthal
品牌、全球原物料產業等品牌，幾乎都在生死邊緣掙扎。在瞬息
萬變的品牌競技場上，品牌經營的危機來源是多方面的，如果沒
有專業與特色，實在很難生存，即使有特色，也可能遭遇危機的
打擊！而品牌知名度會隨著時間的推移衰減。競爭品牌的誘惑，
一直都在考驗顧客的忠誠度。目前人類的生活，常被七萬多個品
牌包圍著，每天要接收到超過五千則以各種形式出現的廣告轟
炸。企業只要稍有不慎，品牌的忠誠度隨時都可能隨風而逝！根
據經濟部商業司統計，近一年來的公司家數就像下樓梯，光是 9
月解散、撤銷及廢止的公司就超過 7,000 家，平均一天有 237 家
公司關門大吉。

第六節　品牌的重要性

　　早期大家對品牌的認知，是一種無形的資產，現在已經可以
精確計算出品牌的價值，甚至可透過授權風行全球；聰明的企業
用品牌意義，跟消費者搏感情，短期可創造出市占率（Share of

Market），長期可累積成心占率（Share of Mind），終極目標是基業長青。

　　成功的品牌，有助於擴大市場占有率，品牌一旦深植消費者心中，其實用性與信譽價值，就不容易改變。因此，創造理想品牌的經營者，只要充分發揮品牌價值和影響力，就更能擴大其市場，進一步贏得消費者的支持。美國廣告研究專家萊利・萊特有一句名言：「擁有市場將會比擁有工廠更重要」，擁有市場，產品或服務才有出路，有了出路，才有可能成為市場主導地位的品牌。目前由於景氣蕭條、產品過剩、激烈的價格競爭，相似產品琳琅滿目，使得企業打造品牌，已成為刻不容緩的當務之急。

　　以往國內企業過於專注製造領域，相對忽略品牌的發展，但隨著產業結構改變，企業應該重視品牌優勢所帶來的長期利益。

一、增強辨識率

　　品牌可以賦予商品形象，產生商品的獨特性格，並構成辨識的重要指標。無論是自行車的捷安特、手錶的勞力士、影音光學產品的 Sony、名筆的萬寶龍、女裝的香奈兒、皮件的 LV、華碩的 Eee PC、品客洋芋片、伯朗咖啡、日立、飛利浦、Motorola 等，不管是產品品牌抑或是企業品牌，只要透過這些品牌，就可以使消費者輕易認出這個產品或服務的供應者。所以品牌是消費者認識產品的重要媒介，也是產品來源及品質的保證，更可以節省消費者的選購時間！如此，不僅有助於保留老客戶，更可以經由老客戶的介紹，來吸引新客戶。同時，透過品牌的辨識，品牌能吸引消費者的注意，鞏固高忠誠度的消費群，進而有助於企業區隔市場，建立長期正面的形象。

二、提高效益率

　　品牌價值是指品牌喚起注意者思考、感受、知覺、聯想的特殊組合。具良好形象的企業品牌，當在市場推出新商品，或成立新事業時，較會受到消費者的接受及認同，更容易進入市場。無論傳統產業或科技產業，只要能自創品牌，就有可能在國際市場的舞臺上嶄露頭角，並廣受注意！

　　基本上，品牌知名度（Brand Awareness）的高、低，會影響消費者的購買意願。高知名度的品牌，則易增強消費者的購買意願，並會顯著高於低知名度品牌的購買意願。對於消費者而言，品牌知名度效益主要在於：（1）便利性；（2）讓購買者取得大量可比較的資訊；（3）互動與立即的溝通。銷售者利益則包括：（1）建立顧客關係的有力工具；（2）增加銷售速度與效率；（3）降低行銷成本；（4）提供更大的彈性，讓行銷人員持續調整提案與計畫。對於品牌、商標擁有者而言，除以上效益之外，更經由製造業授權、服務業加盟，甚至企業不需要廠房設備，就可以賺取大筆利潤。

　　自 2000 年起，國際品牌價值調查公司 Interbrand Group 與美國商業週刊（Business Week），都會針對全球品牌公司進行鑑價活動。從可樂到汽車業，從電腦到珠寶商，調查每一個國際知名品牌價值，背後所帶給企業的商業價值。我國則是由經濟部國貿局主辦，外貿協會執行的「台灣國際品牌價值調查」。

三、強化價值率

　　產品（或勞務）本身的品質及功能自有其保證的價值，而有了品牌名稱之後，產品在消費者心中，更增加了額外的價值。沒

有品牌，就不可能成為主流企業，一個強有力的品牌，不僅是支撐企業生命的主要關鍵，更可謂企業開創財富的泉源。哪一家企業掌握品牌，哪一家企業就可以透過品牌授權與代理的策略，獲取品牌所帶來的附加價值（Added Value）。在最終市場上，不具備知名度與認知性的企業，較不具有品牌附加價值。基本上，具有品牌者，比沒有品牌的企業，更可以獲得較高的銷售量，與較大的邊際利益，而且品牌可以在所有競爭者之間，取得一個強烈、持久且差異化的優勢。目前全球正往扁平化發展，跨國企業單靠「產品創新」，已不足以保持競爭力！尤其面對微利時代，企業若能跳脫純代工的經營模式，建立自有的品牌，就有可能提升產品附加價值，吸引消費者購買，並增加企業利潤。

　　長久以來，雖然我國企業具備高度的應變能力、強烈的企業理念、奮戰精神，以及富有彈性、易分散風險等特性，但鮮少建立自有品牌，作為提升附加價值的策略！也因此，就更值得企業投入資源，努力建構自家品牌！

四、升高購買率

　　由於品牌的承諾與價值，所以一般人常有所謂的名牌心理。在消費者意識形態高漲的情況下，企業品牌形象的影響力，已遠高於價格因素！尤其在商品同質化的程度愈來愈高，商品情報氾濫成災的現代社會，消費者決定購買行為的依據，除了直覺外，便是價格與企業品牌形象的高低。特別是當品牌建立知名度以後，消費者可能會因為這個品牌，而購買該商品。多年前，曾有一位老教授自己設計產品後，找工廠開發出來，但是產品上市之後，卻叫好不叫座，主要還是因為它沒有品牌！所幸有一個機

會，讓皮爾卡登（pierre cardin）品牌找上門，當 pierre cardin 掛在這些汽車用品上時，最後的結局是 ——「大賣！」

五、放大利潤率

有品牌的產品，會讓消費者比較信賴，例如，蘋果公司的顧客，不論過去、現在或未來，多會驚喜其獨特的設計；豐田對於顧客的承諾，無論是早期的可樂那，或高端的 Lexus，在品質上的表現，都是長期一致的，即使價格稍高也會願意花錢購買。所以品牌是企業的無形資產，更代表企業的承諾，當企業的承諾被市場認同、肯定，就能為企業帶來極高的經濟效益。企業獲利可能高達 50% 以上，但是代工的利潤卻非常地微薄。以 Nokia 品牌廠商與代工廠商為例，兩者的利益失衡比是 50：1。美國商業週刊在一項調查中也顯示，以品牌行銷為主的前 100 名企業，其所創造的獲利盈餘，與亞太地區代工廠前 100 名之獲利盈餘相較之下，兩者相差達 57 倍之多，足見發展品牌對於企業，可帶來豐厚的利潤。

【例一】腳踏車掛上捷安特的品牌之後，就比市場上其他同級產品，貴上 20~25%，這代表了捷安特的選車資訊和建議、售後服務以及品質保證。

【例二】只要打上 NIKE 勾形圖案，不論在哪裡製造，都會在消費者心中產生更高價值的認定，並願意付出更高的消費金額。

【例三】一塊普通肥皂頂多十幾元台幣，但具有品牌的國產「阿原肥皂」，則能賣到二、三百元，可見名牌商標可以為企業，創造更高的回饋，這種回饋包括了利潤空間、消

費忠誠等有形或無形的價值。尤其是當企業擁有了品牌忠誠度，則更能爲企業帶來價格溢酬的好處。

新興國家早期大多以 OEM（簡稱委託代工）爲主要的業務型態，但是 OEM 生產的最大缺點，在於訂單來源不穩定，產品行銷、設計階段的利潤無法掌握。發展自己的品牌，最主要的理由是，品牌廠商得到的毛利，可以達到 2 位數，而 OEM 的廠商，毛利卻僅有 1 位數。而且常見的現象是，品牌客戶開出規格數量後，拚命壓低購買價格，OEM 廠商在同行的競爭壓力下，只能靠大量生產，及優越的生產執行力，勉力達成品牌客戶的要求。

六、增加保護率

法國皮包、義大利皮靴、瑞士手錶、英國瓷器、美國運動鞋等品牌，在消費者心中已產生一定程度的魅力。這些品牌如果被抄襲或模仿，會對企業產生傷害，所以法律對產品的自創性，具有保護的作用，如此則可免被競爭者抄襲或模仿。若被仿冒或擅自使用本企業的品牌，則可透過對相關單位的檢舉，由公權力進行調查。如果確認是惡意侵害，對方除了民事賠償責任外，還會受到刑罰處分。

七、強化競爭率

企業之間的產品競爭，一般以品質和價格爲主。當產品差異化少，難以技術革新，品質差異化困難的產品，就必須在產品基本功能以外的層面進行差異化，其中，品牌是不可或缺的。當企業擁有強勢的品牌，就可以獲得競爭的優勢，這些優勢包括：提高商品的鑑別度與知名度；建立競爭者進入的障礙；較易在貨架

上為消費者選中；在競爭者的促銷壓力下，具有抗壓性及復原力；使後續品牌成功的延伸機會；享有較高額的利潤，以及直接創造企業更強的競爭力。

八、有效升級率

「知識經濟」就是「品牌經濟」，品牌將整合整個價值鏈，知識的累積完全體現在品牌上，如此才能有利於企業的升級！近年來在全球化的挑戰，以及受到國際品牌業者強烈壓迫下，低利潤變成是代工的宿命，因為沒有自己的品牌，永遠只能賺取微薄的代工費用。在面臨成本壓縮極限下的毛利，許多企業實已體認到唯有發展品牌，才能提升在產銷價值鏈中的價值。所以許多企業企盼藉品牌發展，來跳脫目前金融海嘯所帶來的困境，以扭轉企業頹勢，故此，品牌在此一環境下，已成為企業升級的新顯學！

九、增強生存率

在不景氣的大環境下，即使消費者必須在有限的預算內，完成消費，多半還是會傾向選擇，過去慣用或品牌形象良好的產品。因為與其冒著不確定品質的風險，嘗試一些更便宜的產品，倒不如在能力之內，繼續使用慣用的品牌，這裡同時牽涉到的消費心理是：在動盪的環境下，購買能滿足期待與想像的產品，會讓消費者覺得滿足與安心。

根據暢銷財經書作家佛理曼（Thomas Friedman）《世界又熱、又平、又擠》一書，對當前世界經濟局勢的描述，就如同一台失速的巨型卡車，油門已經卡死，而且鑰匙還弄丟了。在這樣嚴重的不景氣時代，策略大師波特大聲疾呼：「正是這樣的時候，領

先者可能會變成落後者，落後者也可能會變成領先者。」因為在
這個艱困時刻，產業的規則、秩序會解凍，一切機會重新開放，
版圖重新洗牌。企業無可避免地面臨了更加嚴苛的生存考驗，因
此如何提升品牌戰鬥力，以強化企業的競爭，才是生存的關鍵因
素。

十、降低危機率

在國際競爭激烈、瞬息萬變的時代，企業必須以打造品牌，
創造利基為新的經營重點。否則一旦面臨國外品牌客戶抽單，將
造成企業無法繼續營運的危機。自有品牌則可避免這種不確定
性，同時又可防止代理權的不確定性，以及掌握品質與供貨的穩
定性。以往代理其他企業的品牌，常會發生一些糾紛，特別是轉
換代理權的困擾。曾經有一家本土鐘錶公司，代理了瑞士名錶，
經過近二十年的拓展，終於把該瑞士名錶，打造成代表權勢地
位與財富的象徵，名流、士紳、財主，莫不以擁有該瑞士名錶為
榮。但是，二十年的代理，與市場開拓的苦勞，卻在瑞士錶廠不
再授權的新決策之下，完全被抹滅！

十一、創造國家營收率

在「全球百大品牌」中，許多品牌的價值，比國內大型企業
集團的年營業額還大，這證明了品牌建立對於國家營收率的重要
性。目前各國政府大多積極鼓勵國內企業，發展品牌進軍國際，
為國家創造營收，並提升國家競爭力與知名度。我國能否脫穎而
出，品牌推動便成為關鍵的重要因素。

目前我國產業，所面臨的國際市場環境，日益嚴苛！低價競
爭、模仿剽竊已成趨勢，沒有品牌又如何能保護自己的產品設

計？為因應此一競爭態勢，若能有愈來愈多的企業，透過整合與訓練，以全球標準的品牌化過程，去努力進行變革，除可提升台灣產業整體形象外，更能夠在這個歷史契機上成為贏家！所以推動我國企業品牌之路，已是箭在弦上，不得不發，不得不成！

品牌與無品牌優缺點比較表

類型	優點	缺點
有品牌	1. 較佳的認定與知名度 2. 較佳差異化產品的機會 3. 品牌忠誠度之可能 4. 價格溢酬之可能	1. 生產成本較高（含存貨成本） 2. 行銷成本較高 3. 法律成本較高（含信用風險）
無品牌	1. 生產成本較低 2. 行銷成本較低 3. 法律成本較低 4. 彈性品質與數量控制	1. 價格競爭激烈 2. 缺乏市場認定

資料來源：Onkvisit, S. and J. J. Shaw（1989），The International Dimension of Branding: Strategic Consideration and Decisions, *International Marketing Review*, 6, 3, 22-34.

第七節　評估品牌發展能力

價格戰在中國打得如火如荼，尤其是家電行業，消費者看誰的價格低，就買誰的產品，而海爾卻始終不參與價格戰。不過，海爾的產品，卻沒比那些打價格戰的品牌少賣，並且利潤得到了客觀的保障！那些僅依靠打價格戰銷售的企業，一旦離開了低價格的策略，產品就賣不出去，而海爾卻能夠獨樹一幟，傲視群雄！為什麼海爾可以如此呢？這就是因為海爾公司，極力發展品牌知名度、品牌形象與品牌聯想的強度。

發展品牌能力的評估，可讓企業了解強在何處、弱在何處，

如何修補改進品牌的認同與信賴感，有助於企業獲利的提升，以及永續的生存。建構品牌這個過程，是需要資源與智慧的，那麼究竟如何評估一個企業，到底發展品牌的實力有多強呢？以下就五個面向，提出說明。

一、品牌產品需求

在某種層面上，需求將決定供給，所以如果要發展某種品牌的產品時，就必須估計市場的未來性。例如，印度計畫推出全球最廉價的品牌筆記型電腦「Sakshat」，每台價格約 20 美元（約合700 台幣），主要用於帶動遠距教學，改善國內逾 18,000 所學院，與 400 間大學電子學習環境，滿足龐大的教育市場需求。由於印度有十億人口的市場，顯然這項低價電腦的需求極大。

除了市場大小相關外，有時產品的需求，與政府的政策密切相關，例如，歐盟各國將自 2009 年 9 月起，禁止銷售 100 瓦傳統燈泡，2012 年起禁用所有瓦數的傳統燈泡。因此，點亮 120 年的傳統燈泡，即將吹響「熄燈」號，同時等於宣告了 LED（發光二極體）照明新世代的來臨。同時再加上 LED 節能省碳環保優勢，且白光 LED 光源，已是最有效率的發光源，故被視為新世紀光源。從以上兩項例子，可知在發展某項品牌產品時，要看它的需求性。例如，一分鐘診所（Minute Clinic）的品牌，由於具有快速、平價、方便等三大優勢，最近在美國正流行開來。一分鐘診所是開設在大賣場或購物中心裡，為什麼要設立在大賣場或購物中心？創辦人之一克利格，因為兒子突然身體不舒服，帶著他直奔急診室。結果光做喉嚨感染的基本檢測，就在候診室苦等兩小時，父子倆近午夜回到家時，連創辦人也病了，而且還多了

一張 300 多美元的急診室帳單。從此創辦人發現避免病人等待的快速、平價醫療，對美國人民的需求市場極大！目前一分鐘診所（Minute Clinic）的品牌，在美國發展極為迅速。

二、品牌發展條件

品牌發展是有基本條件的，基本條件愈強，對於品牌後續發展的成功機率就愈高。這些基本條件主要有五方面。

（一）人才面：企業品牌發展以人才為本，沒有足夠的品牌人才，尤其是品牌領導人才，將會限制企業的發展。奇異（GE）公司蓬勃發展，許多人歸功於傑克‧威爾許（Jack Welch）擔任長達二十年的執行長（CEO）。在他卸任前，奇異各事業部在市場上，不是排名第一，就是第二；而且分開來算，十二個事業部中，有八個都可單獨進入財星 500 大排名。Welch 來到 GE 時，公司的收入為 270 億美元，而他離開的那一年，GE 營收高達 1,300 億美元。又如國際商業機器公司（IBM），1993 年正面臨方向迷失，和利潤下降兩大難題，當年這家公司發生一百六十億美元的虧損，經營岌岌可危。此際，葛斯納（Lou Gerstner）空降至 IBM 擔任董事長兼執行長，即時做出很有遠見的決策，那就是保持 IBM 統一運作的結構，而不是把它分拆為獨立的公司。從 1993 年 4 月起至 2002 年 3 月任職 IBM 期間，重新塑造了 IBM，並撰寫《誰說大象不會跳舞》一書，使企業品牌聲名鵲起。

（二）財務面：建立品牌一定需要投入一定額度的資金（品質研發、包裝設計、行銷、網站建置），如果財務面本身就有問題，企業內部士氣就不高，這就不利於品牌的持久戰。在衡量企業這方面的實力指標，以目前銷售成長情形、目標市場占有率、

獲利能力及資產報酬率等，四大變數最為關鍵。

（三）產品面：品質是品牌的最根本必備條件，沒有優質的產品，那個品牌不過是曇花一現，難以獲得消費者青睞。觀察的指標是產品（服務）品質、具研發創新及差異化的能力。

（四）行銷面：行銷如果出現問題，即使擁有再好的產品，消費者可能買不到（通路問題），也不願意購買（價格與服務問題）。在行銷面觀察的指標是企業對消費者尊重程度，同時應比較競爭者及自我的分析，還有品牌國際化的決心與外銷比例。

（五）企業文化面：企業整體戰力是品牌成功的保證，企業全體上下若能同心同德，實踐對消費者的品牌承諾，自然會做出口碑與形象。在企業文化這個規範，觀察的指標是，員工認同品牌理念的程度、品牌企業形象良窳、高階主管品牌領導力。

三、具備品牌發展潛力

只要具備品牌發展潛力，要讓它成功的可能性，就相對比較高；反之，若不具備品牌發展潛力，即使投入再多的資源，可能也是惘然。企業若有發展品牌的決心，就應該從以下五個指標努力。

1. 經營者是否有長期經營品牌的強烈企圖。
2. 發掘企業相關產品或服務等品牌特質潛力。
3. 內部管理潛力、外部溝通潛力（如品牌廣告、品牌形象）。
4. 長期維護顧客關係能力。
5. 是否曾獲得認證。

四、品牌發展執行力

　　品牌發展是需要經年累月的努力，才能獲得市場肯定與認同的，其中的執行力，扮演重要的關鍵角色。執行力尚可區分為三個部分。

　　（一）整體企劃及可行性：品牌發展計畫架構、規劃縝密性，以及是否符合建立品牌管理作業模式的需求。

　　（二）執行力與配合度：（1）公司核心競爭力；（2）可運用及分配的資源；（3）執行團隊相關專案管理的經驗；（4）團隊合作與腦力激盪來解決問題的能力；（5）是否有發展品牌經驗。

　　（三）費用合理性：對於有限的品牌費用，其估算與分配的合理性。

五、廠商配合意願

　　幾乎很少產品的發展，能從頭到尾地由一個廠商，來獨力完

2009 年台灣 10 大最愛名牌排行榜

第1名	LOUIS VUITTON
第2名	CHANEL
第3名	GUCCI
第4名	COACH
第5名	agnés b.
第6名	Cartier
第7名	BURBERRY
第8名	Dior
第9名	HERMÈS
第10名	BVLGARI

（Shawn，「2009 台灣最受歡迎 10 大名牌」，名牌誌，2010 年 1 月號）。

成，所以一定要有配合的相關廠商（如廣告商）。未來投入發展
自有品牌時，也應考慮其他廠商在配合意願時，所能擁有的策略
聯盟資源及計畫。

以上五大項的變數，只是在說明品牌發展成功的各種條件，
不代表欠缺其中任何一項就不能進行品牌建構。實際上，非常
關鍵的因素就是企業家的決心與毅力。曾經為大藥廠發明「威
而鋼」品牌，並得到學術最高桂冠的諾貝爾醫學獎得主伊格納
羅（Louis Ignarro），也在 2009 年訪問台灣，他就曾對發展品牌
的心得，表示：「找到一個目標，然後用盡全力去做到，如此而
已！」

2

品牌規劃

📖 第一節　品牌核心價值規劃

21 世紀經營的主要挑戰是，企業面臨劇烈的環境變遷，例如傳播科技變動、消費者需求及行為改變、自然環境、投資環境驟然變動等，此時若能擁有消費者認同的品牌，則是永續生存的保證。不過自創品牌極為複雜，除了要先規劃品牌核心價值、開發商品、幫商品找定位、區分屬性，還要費心賦予產品故事，加上宣傳造勢等一系列的工作，所以屬於一項極為浩大的工程，且須經過長時間的努力與堅持，才能獲得其品牌權益！

品牌核心價值究竟是什麼？對消費者承諾什麼？保證什麼？為什麼能夠有這種保證與承諾？如何保證與承諾？品牌所蘊藏的價值是什麼？產品品牌聲譽憑什麼來激發消費者的認同？產品的品牌所蘊藏的力量，是否能成為市場的主流，抑或對市場的影響微不足道？基本上，品牌的核心價值（承諾）是企業對消費者的一種承諾與保證，這項承諾與保證，也是品牌定位之所在。例如，BMW 提供的品牌核心價值為舒適卓越的汽車；Volvo 提供給顧客的品牌核心價值為安全的汽車；台灣現金卡品牌的 George & Mary 強調救急（George）、便利（Mary）；台電的經營理念是「誠信、關懷、創新、服務」；櫻花的承諾是：1. 永久免費廚房健檢，2. 油網永久免費送到家，3. 熱水器永久免費安檢。

成功的品牌，對消費者有明確的價值訴求，且能讓自己的價值訴求與消費者相互呼應。企業在建立品牌核心價值的基礎時，應該對這些議題有深入的了解。只有理解了以上的議題，才能為企業的將來，建立恆久的發展基石。品牌核心價值主要的來源有二，一是來自企業內部的經營使命與企業願景，一是外部的產業

核心價值，與消費者對該企業的品牌知識。內部的核心價值係指經營者主觀上認為對消費者重要的價值，並同時透過外部市場及消費者的調查，客觀地了解顧客真正的需要為何，以便精確建立在消費者的需求上。德國工業設計家 Bernd Loebach 在《工業設計》（*Industrial Design*）一書中指出：設計＝目的＋計畫。以此公式而論，當企業有了建立品牌的目的後，接下來就是計畫品牌核心價值。但是如何規劃呢？首先就是要找出企業核心價值所在！如何才能找出企業核心價值呢？基本上，應該將以下三者兼容並蓄地總體思考，最後再慎重提出。

一、企業使命及願景

品牌的核心價值，要服從於企業使命。無論是宏碁的 acer 或是明基的 BenQ 等，都是依據企業的使命及願景，來規劃其品牌核心價值。對市場進行分析時，必須研究長遠影響市場的一切因素，而非一些短期性的影響因素。對企業本身而言，企業的使命及願景就是長遠因素。企業的經營使命，界定了企業的經營範圍所提供的產品或服務的方式，以及為顧客創造的真正價值。實際的作法應從消費者著手，並進行市場調查、訪談。如果脫離消費者的真正需求，那麼這些使命與遠景都是不切實際。

二、核心價值（key success factor, KSF）檢視

企業的核心價值可以從消費者及競爭者等兩個角度來檢視，它已成為企業在該產業中成功的關鍵要素。藉由消費者所重視的要素，而作為選擇核心價值的參考依據，這是企業發展的必然之道。以華碩為例，其所強調的「堅若磐石」核心價值，即是從「消費者需求」開始發展，利用消費者可負擔的價格，設計出他們最

需要的產品，使市場最大化。飛利浦將「Sense and Simplicity」的品牌核心價值與承諾，當作公司每一項作業和產品的衡量準則，以確保其致力提升消費者生活品質的保證。

根據 2008 年經濟部商業司的調查顯示，無論是一般商務人士或者高階主管，甚至是不同年齡層或者不同性別者，在挑選品牌時，最重視的因素都以「品質」居首。所以經營品牌最關鍵的地方就在於品質，一旦失去品質，整個品牌價值就失去信任。以中國大陸的海爾集團為例，初期企業管理層堅持砸掉不合格的產品（冰箱），以樹立「真誠到永遠」的品牌核心價值，並由此產品品牌迅速建立企業整體的品牌知名度。

核心價值檢視的重心，在於找出品牌在市場及消費群的評價與品牌聲譽。因為品牌並不等於印在宣傳手冊，或放置在企業網站上的圖案標籤。品牌是存在消費者的心中，這種印記能否深深地烙印在消費者的心中，將直接決定品牌的成功或失敗。目前大多數的企業都是透過品牌認知圖（Brand Perceptual Map），來調查現有品牌的定位。在消費者的認知中，它代表什麼實質意義？品牌是正向成長，還是反向衰退？品牌定位是否逐漸模糊失焦？品牌與消費者的溝通管道，是否出現警訊？

此外，競爭者也是建構核心價值的關鍵，這一部分可從蒐集靜態市場廣告、分析師報告、通路商等資料著手。在動態的分析方面，其中主要競爭對手的競爭力、主要銷售族群、競爭對手的品牌策略及對方的市場發展趨勢，則是針對品牌在市場上與競爭品牌間優勢點（Strength）、劣勢點（Weakness）、機會點（Opportunity）、威脅點（Threat）與問題，所進行詳細的 SWOT 分析。以隨身碟產品為例，當競爭對手的隨身碟都是塑膠製時，上市公

司的創見資訊，則選擇用設計 LV 的精神來製造隨身碟，利用金屬材質來打造精品感，雖然製程相當複雜，卻更能凸顯產品的價值。

三、趨勢分析

王安電腦的崛起與獨占，只因未事先掌握下一階段的市場趨勢，最後快速地消失。柯達軟片也是因未能先了解數位相機的趨勢，而造成企業嚴重虧損。

趨勢是因為歷史環境、人口結構、經濟因素等變化，進而產生消費需求的變化。若要了解趨勢、分析趨勢，就得對社會（含國際社會）進行有系統的觀察，以了解「什麼正在改變」，接著從不同觀點切入，並問「為何會發生」，證明它不止是一時的風潮，然後推想在未來的 3~5 年內，這些趨勢可能產生的影響。例如，近期美國振興方案中，加入「買美國貨」條款；俄羅斯、埃及均宣布調高關稅；歐盟與美國則擬在生質柴油、牛奶及飲用水等方面，採取報復性關稅措施，這些政策就凸顯全球各國競相構築貿易壁壘，顯示貿易保護主義在未來必成趨勢。

2009 年 9 月，歐盟禁止銷售 100 瓦白熾燈泡，2012 年全面禁用白熾燈泡，這些政策形成了新的照明趨勢。企業的因應之策，就是從中找到趨勢，然後運用創造力，結合在其他產業所觀察到的類似現象而發展出商機。

基本上，風行於社會裡的趨勢，不必然是由某層階級來領導流行，而可能是某種美感的標準，例如，內衣外穿、反褶的牛仔褲，或是厚底的麵包鞋等。所以企業要觀察最近整體消費趨勢的變化、消費者生活形態等，從中找到這些趨勢，與公司營運相關

的影響因子；以及是否有需要盡速投入最新廣告、行銷活動，以便緊抓消費者目光？例如目前的世界潮流，蘊藏在節能減碳、銀髮族的照護保健等趨勢背後，其實充滿著無限商機，值得企業在此建立核心價值。以「宅經濟」為例，不管是放無薪假的科技人，或「宅男」、「宅女」，因減少出門消費次數，整天窩在家裡從事看DVD、玩線上遊戲、看漫畫、逛網路拍賣平台等「平價娛樂」，因此讓相關產業在經濟蕭條中，還能逆勢成長。

第二節　品牌總體規劃

　　品牌核心價值的實踐，就是要靠品牌總體規劃，才能具體落實。唯有總體規劃，才能吸引消費者的目光，讓消費者認識自家品牌，並在購買產品後，對其產品滿意產生喜愛，成為該自家品牌的忠誠愛用者，達到促進企業銷售利潤的目標。例如，在消費性電子領域中，有許多造型與概念，都是設計相當棒的產品，可是上市沒多久，就面臨停產的命運！這並不表示設計不重要，而是設計與整體商品沒有整體規劃，當商品缺乏競爭力，或服務出現問題時，單單設計是無法逆勢突圍的。今日產業快速變化、競爭加劇，品牌設計規劃也愈形重要，一旦規劃錯了，企業就等於在錯誤的戰場上，打了一場不該打的仗！

　　品牌總體規劃可以重新制定既有的品牌目標、政策、定位、策略及相關的行銷活動，以便進行品牌終身規劃（Brand Lifetime Plan）。無論是重新規劃或對尚未建立品牌的企業規劃，此時都是由設計團隊主導，但設計完成之後，則是由企業總體人員與組織接手，完成對消費者承諾的具體實踐。如IBM公司內有一套完

善的典章制度及運作機制，能實現品牌對顧客所做的承諾。

自有品牌的背後，如果沒有創意性的產品，以及組織研發、技術能力與熱誠服務的配合，這個品牌充其量不過就是個品牌名稱，是不具有價值的品牌權益。發展品牌的小組與跟隨在後面的部門組織，若是前後不同調，所傳達給消費者的品牌形象就會產生落差。目前企業仍普遍存在品牌建立，等同於行銷部門活動的誤解，而忽略了品牌的建構，是屬於整體性企業經營，需要由組織進行全方位規劃與管理。實際上，品牌的強勢或弱勢，就取決於企業總體整合的強度。如果是被環境所逼、倉促成軍，尚未完成自有品牌及總體的規劃部署，就貿然執行，極可能會加速廠商失敗的命運。

一、品牌管理團隊

讓「職位」與「職能」匹配，透過工作分析與工作設計，清楚定義每個設計團隊的工作範疇與績效指標。品牌經營是長期的組織戰，要有長期的經營理念、品牌領導的組織機構、明確品牌戰略的核心地位、企業的品牌文化、強化行銷溝通職能、提升品牌形象、累積品牌資產，達到對顧客的價值承諾和關係維繫。品牌領導的組織，除了要輔導、諮詢、診斷、甄選有潛力和前景的產品，在進行品牌化時，也應提出創新性、突破性、市場性的品牌策略，所以品牌領導的組織，像燈塔或火車頭一樣，為企業指引前進的方向。

二、規劃事項

在建立品牌的過程中，涉及的層面相當廣泛，要做的事很多，這些均需要全面的規劃與管理。為增進消費者對企業品牌的

認知與印象，應針對企業品牌，提出全面性的整合計畫，計畫涵蓋品牌的文化、理念、組織、外觀、價格、廣告、公關、商標、包裝、故事、產品功能、通路安排、活動贊助、社會議題、名人代言、場所設計、品牌識別、品牌聯想、產品研發設計、訊息設定與傳遞、使用者形象及消費者親身體驗等議題。

三、預算

　　品牌需要投入極大的預算，其中以產品相關設計預算，和行銷品牌的預算最大。以行銷品牌的費用來說，它的支出與企業總營收的比例，依不同產業而有不同的數字。像消費性的產品，一般可高達 15 到 20%，服務型產業則約 10%；至於耐久材的產品，如汽車、電腦等，由於產品本身價格高，因此行銷占總營收，一般僅約 0.5% 到 3%。單是行銷中的廣告代言費，以金城武、周杰倫這類高知名度的人，大約每 30 秒差不多就要支出一千萬元台幣。

四、溝通

　　品牌設計團隊針對企業內部管理系統，提供標準作業流程設計，這項規劃將清楚地對內部溝通，並且讓內部人員從下到上、由裡到外的機制貫徹執行。企業團隊由圖像概念傳達了作業流程裡的每一環，讓內部人員了解完整的內部程序，並克服人員的流動、停頓，或是部門衝突協調事務時的無所適從。當內部人員了解流程的運作，將會做出正確的決定，並且創造執行力。以蘋果電腦爲例，就是讓每一個員工重視自己的工作承諾，並把這樣的承諾與公司品牌相連結，成爲一種信仰系統（Belief System），如此才能在眾多數位商品中，成功地製造超出客戶期望的 iPod。

五、品牌管理

通常，電視廣告、銷售人員的服務態度，其目的都在塑造顧客腦海中的品牌經驗。當顧客需作消費時，他們的腦海便會擷取最符合需求的品牌。所以品牌需要管理，企業發展品牌的路程才會走得長久。

內在品牌管理（Internal Branding）是指從策略規劃、研發、生產、行銷、業務到專案管理，每一個角色間關係的建構。企業發展品牌唯有變成全體員工的共同目標，才能推得動。也就是說，企業執行長必須把品牌管理，內化為全員品牌管理（Total Brand Management）的思維，動員公司上上下下，投身「做品牌」。外在品牌管理（External branding）則是以顧客為中心，來整合企業內外資源，是否有可能將內部資源透過策略聯盟或異業結合的方式，從企業外部爭取或交換到對顧客最有價值的資源，以達成有限資源創造無限效益的品牌核心價值、極大化的目標。在推動品牌管理的過程中，應了解所有影響品牌、利害關係的因素，如目標客戶、合作伙伴、批發商、投資者，售後服務，以及國外市場等多項變數。

宏達電總裁兼執行長周永明指出，宏達電已經不是單獨靠一個產品就能成功的（如 HTC 阿福機），而是靠整體的能力，把競爭力擴大到「不是純產品或純技術」，進而提升「總體」服務戰力，價值才會更高。品牌經營得回歸根本，從初期研發到後端服務，都要細心耕耘、紮實創造品牌的價值、徹底實踐品牌承諾、真誠與顧客溝通，最後達到與消費者心意相通，才算是真正的成功！不過品牌成效並非一蹴可幾，而且所費不貲！如果不具備一套完整的運作機制，有效整合資源，那麼發展品牌對企業所形成

的風險與負擔，將是企業不可忽視的議題。

■第三節　品牌團隊規劃

韓國創新的設計如果不結合速度，就沒有競爭力。無論是韓國的三星、現代、LG等全球品牌，或是台灣華碩和巨大等品牌的背後，都有高效率的品牌團隊。品牌團隊是品牌建設總體工程的靈魂關鍵角色。在推動這項工程時，品牌決策團隊與品牌管理團隊，各有不同的分工與任務。

一、品牌決策團隊

被喻為當今全球 50 位最重要行銷思想家之一的大衛‧泰勒（David Taylor），在 2008 年 10 月初，受經濟部國貿局之邀來台授課時強調，品牌建設的總體工程重任，最好是由不同業務領域的資深員工組成 10 到 15 人小組來擔當。

從品牌的擬定，到開始推動的整個過程，究竟是如何運作的？現以海峽兩岸成功的案例加以說明：國內宏達電「HTC 阿福機」品牌（智慧型手機），以及華碩 Eee PC 品牌小筆電。在宏達電的部分，先是由宏達電總裁兼執行長周永明，把推動「HTC 阿福機」品牌的利弊得失、風險和策略，寫成長達數頁的營運計畫書，呈報給董事長王雪紅、總經理卓火土和營運長。當他們核可後，再送到董事會取得認同，最後則把這份計畫書交給品牌經營團隊推動規劃。2006 年，正式展開宏達電的營運轉型行動。2007 年 6 月推出「阿福機」，HTC 一戰成名。另一個例證是華碩 Eee PC 品牌推動，這是由創辦人施崇棠先提出概念，執行長沈振負責定調產品、掌控進度，易電腦事業處總經理居中執行、協調。

　　海峽對岸的中國知名企業，大都設有品牌決策管理部門（委員會），或領袖（團隊）來負責品牌管理。這樣的企業有大陸家電業的「海爾」，IT 行業的「聯想」，電信行業的「中國移動」，服裝行業的「鄂爾多斯」，葡萄酒行業的「張裕」等品牌。這種模式對企業發展有兩個關鍵要件：一是企業已經建立現代企業制度，具有較為成熟的管理體系，有著完善的行銷組織結構和管理職能，以及網羅很多廣告或行銷的專家；二是處在其細分市場的領導地位，有著明確的戰略目標，公司旗下擁有的知名品牌，或者產品品牌為消費者耳熟能詳，正邁向國際化，追求更高、更長遠的發展。

　　由以上海峽兩岸品牌推動的例子可知，到底要不要推動品牌？推出什麼樣的品牌原始概念？這些戰略層次的議題，幾乎都是由企業的決策階層決定。

二、品牌管理團隊

　　至於功能性的議題，也就是從品牌定位→品牌塑造→品牌推廣，則交由品牌團隊來規劃。這個團隊所負責的工作，涵蓋品牌創造、品牌再造與品牌轉型等三大領域的工作。品牌創造包括品牌命名、標語發展、視覺識別建立、行銷資源設計等品牌識別設計（Creation）領域；品牌再造涵蓋視覺識別修正、行銷資源設計、品牌教育訓練等品牌形象更新範疇；品牌轉型涵蓋品牌教育訓練、視覺識別建立、行銷資源設計等品牌定位轉型（Transformation）範疇。

　　人才是品牌管理團隊中最重要的 DNA。品牌專案管理涵蓋品牌經理、設計師、行銷人員、技術工程等相關人員。在設計過

程中，須不斷與其他相關部門成員合作與交流，所以雖是專案，但各部門不是孤立而是整合的，實際上，品牌設計團隊的交流是密不可分的，常成為創意性思考的核心來源。

【例一】1928 年，荷蘭皇家飛利浦公司成立設計部門，在全球擁有 500 位設計師，為全球最大設計公司。

【例二】星巴克品牌設計團隊是公司的「全球創意小組」（Global Creative team），這支設計與創意團隊達 100 人，其中設計師占了 1/2，其他多為專案經理人，這個團隊負責主導了幾乎全部的星巴克設計、廣告與行銷。

【例三】以阿原肥皂聞名的「阿原工作室」，一開始由 4 人小組負責，到目前則由 64 人的工作團隊，來進行品牌設計的工作。

設計管理者通常扮演聯繫各單位的重要角色，其中，傾聽、協調是設計管理者必然的核心；行銷人員會將市場調查的訊息，加以整理出脈絡，進而提出研究結果。而設計師將研究資訊轉換成理想的產品設計；技術工程人員則是將設計師的產品設計模型，加以付諸實現。例如，華碩技術工程人員通常會因為價格因素，而將規格與材料進行調整。其中，為了將 Eee PC 售價壓在 199 美元（一顆最新款中央處理器 CPU，要價可能就超過 100 美元）。因此，把幾個重要的零件如面板、變壓器、CPU、軟體等拆解出來一一詢價，並想出降低成本的方式。

品牌不但能為企業創造營運的佳績，更能擁有豐厚的利潤。在品牌管理的過程中，品牌經理（Brand Manager）是整個核心所在。品牌經理在實際執行上，規劃、執行和控制某一產品線，或

產品群的一切行銷活動,其工作牽涉到產品線的研發、包裝、製造、銷售預估、定價、推廣、通路等等,範圍非常廣泛。我國企業對於這項工作,多半是由既有的行銷部門,或由跨部門管理層共組「品牌小組」來負責。有時也常以所稱的產品經理(Product Manager)來負責品牌經理的工作。如此重要的職務,通常要具備以下幾個條件,才能符合品牌經理的條件:

(一)智慧耐力

品牌經理要領導不同的部門,因此工作很廣泛、複雜,舉凡宣傳策略,市場擴大、生意額爭取、培訓前線推銷員、討論市場推廣的品牌策略、與零售商或新客戶開會、處理突發事件,以及分析問題等品牌的營運,工作實在非常繁重。要領導一個品牌小組,一定要有智慧耐力、冷靜思考問題的解決能力、強烈的市場觸覺。例如宏達電子在設計 Touch Diamond 手機時,光是外型就嘗試了兩百多種不同設計。創見資訊的 JetFlash V90C 隨身碟於 2009 年初,榮獲德國「紅點」設計大獎(Reddot Design Award),其外表的銘版,設計團隊大概試了一、兩百種材質,而外殼也是嘗試許多次之後,才找到可以兼具金屬感,和堅硬度的鋅合金。設計團隊必須勇於嘗試各種可能性,在外型、材質等方面,找出突破傳統的切入點。

(二)創意

創意非常重要,對於如何處理產品的市場、設計、包裝、銷售、消費者、潮流、售價及競爭者等,如果都是按照一定模式,有時很可能走到死胡同。因此對於行銷工具中的定價策略、促銷、店內陳列、刺激銷售人員的誘因,以及改變包裝,或提升產

品品質等，若能有出奇制勝的創意，企業必然會因此有正面加分的作用。

（三）品牌策略

品牌策略涵蓋的範圍很廣，例如，品牌形象、品牌權益、品牌定位及品牌管理等都是。（1）品牌形象：消費者對品牌有什麼既定的認知形象？品牌經理必須透過各種行銷活動與對外訊息，決定品牌所須具備的理性和感性的形象暗示。（2）品牌權益：前述的品牌形象，對消費者而言有什麼價值？對他們是不是有相關性與重要性？要在高度變動的市場中，維持產品形象對消費者的攸關性，經常是品牌經理的一大考驗。（3）品牌定位：前述的品牌形象，和競爭者相比有何不同？有何優勢？（4）品牌管理：消費者對品牌的認識，與企業的目標一致嗎？品牌經理必須做的決定，包括產品線的延伸、改變產品價值，以符合特定客戶，與市場區隔的需求，以及確保產品能提供品牌所承諾的價值。

（四）敏感度

在品牌領導的模式中，扮演品牌經理這個角色功能的人，必須是組織中最高層級的行銷專家，對數字、消費、流行等市場趨勢，以及政治、經濟、治安等大環境，都要極度敏感。當偵測到景氣、競爭者、政府政策、通路利潤趨勢（如金融海嘯，或政府發消費券？）等出現變化時，一定要能臨機應變。例如，歐盟將自 2009 年起，禁售 100 瓦以上白熾燈泡；印度推出百元新低價的筆記型電腦。如果相關燈泡或 LED 的廠商，或是宏碁華碩等已推出價格更高筆電的品牌負責人，就要有臨機應變的專業與態度。

（五）協調溝通

　　不同背景的人，看品牌的角度會有差異，對品牌的定義也就不同。商科背景出身的品牌專案人員，可能從價格面談品牌；學理工的人，則是站在技術面分析品牌的重心。如何將這些不同知識領域的專才結合在一起，並充分地溝通協調，是品牌發展困難之處。以華碩 Eee PC 為例，華碩組成了一個專案團隊，由台灣負責軟體，蘇州開發硬體。但因多數零組件廠商都在台灣，為了搶時間上市，在那一個月裡，每天都有專案成員來回於台北和蘇州兩地。先是台灣成員把零組件帶去蘇州，蘇州成員則把硬體送來台灣和軟體一起運作。為了「一次就成功」，各級主管對於工程師所畫出的線路圖和零組件排放方式，都會再三反覆討論。

　　基本上，負責品牌推動的經理，既要識貨，又要了解品牌的精神與特長，所以常肩負溝通的重任。在台灣的代工生態中，品牌經理常是吃力、不討好的工作，因為他要了解市場，也要精通技術，更要負責部門間協調，與合作伙伴發展長線關係。例如，負責產品的創意發想與開發，需要和研發部門溝通，同時又要和市場行銷部門密切合作，有時候甚至會負責一整條產品線。此外，品牌經理沒有直線型的指揮權，同時也不具人事調動權，但卻要負責各部門，以及公司與公司之間的協調，每一次商討問題都要謀求共識，找出雙贏之道。比如說，第一代華碩 Eee PC 的 7 吋面板，原本多用在車用電腦螢幕，需要很強的背光，因此價格高，但筆電並不需要此等高規格，因此要與廠商溝通，降低背光源以減少成本，否則就會影響品牌發展策略！

　　品牌經理需要有副手的協助，這位副手常稱為品牌副理。品

牌副理所需條件，主要有十二點：（1）熟悉公關／媒體作業。（2）
負責統籌規劃新品牌事業發展策略。（3）負責制定品牌事業經營
規劃、銷售計畫、財務預算。（4）負責組建並管理品牌營運團
隊。（5）配合公司制定的品牌定位與品牌策略，推廣品牌價值及
企業形象。（6）組織、協調公司的其他部門，共同達成整體營運
目標。（7）了解市場消費模式且具足行銷經驗。（8）了解如何運
用現有資源並領導團隊。（9）隨時保持第一手產業競爭敏銳度。
（10）具高度市場敏銳度。（11）具設計、鑑賞能力。（12）具創
意、行銷企劃能力。

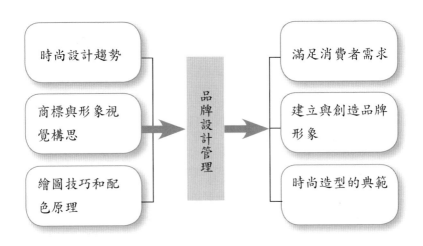

📁 第四節　　品牌設計團隊規劃

目前已有愈來愈多的大型企業，逐漸了解設計是創新及新產
品開發的策略引擎。品牌設計團隊以設計（例如，功能、色彩、
款式、材質），來滿足消費者核心價值，同時也可透過設計來改
善生產效率、降低價格（生產線、使用的材料和組裝技術、運輸

方面等等），進而放寬使用者的必備經驗要求，及增加銷售量。品牌的成功，常有賴「認知設計師」的協助，使品牌深入消費者的心中。設計團隊除專注產品的創新外，設計流程與設計管理上的創新，也是品牌設計團隊規劃之際可以著力的地方。設計良好的商品，能簡化決策、增強顧客滿意度、降低風險，並提升業績，對公司和消費者都有利。構思不良的設計，則可能讓企業賺不到該賺的錢、引起消費者反彈、讓消費者陷入風險，甚至使公司吃上官司，以致損失慘重！

一、設計任務

設計團隊必須同時回應行銷工作者、消費者、工程師、公司領導人等的訴求，以期最終能獲得和諧，所以設計關注的層面極為複雜，除了從表面到深層意涵的轉換，從外觀設計到消費者需求與心理的洞察；從物的關注，到人的思考；從產品美學的層次，擴大到組織創新，與商業競爭策略的層次。設計團隊需考慮市場機會、經費限度、銷售行銷、售後服務、生產及技術限制等各種因素。設計乃一種專業，整個團隊服務宗旨乃是要達到「高品質」的商品，及「高滿意度」服務品質等兩大項，為企業創造市場永續生存的利基。就所扮演的角色，則是透過設計分析、設計發展與設計提案，來完成增進消費者福祉、保護消費安全、提升社會生活品質等目的。

迪士尼設計出歡樂愉快，百事可樂求新求變，勞力士手錶尊貴、高品質，蘋果 ipod 時尚、潮流、忠於自我、完美感覺，這些都是設計團隊，所設計的客體。品牌設計的客體涵蓋面極廣，如主力商品、企業標誌（Logo）、企業視覺圖案（Pattern）、企

業 CIS 識別、廣告企劃、平面設計、包裝設計、封面設計、網頁視覺設計、網站整體製作、程式設計、門市招牌系統設計（直式招牌、橫式招牌、形象燈箱、服務櫃檯、形象牆），事務用品類（名片、資料夾、加盟證書、資料袋），旗幟類（直式活動旗、橫式活動旗），廣告宣傳類（海報版面規範、招商戶外廣告、招商雜誌廣告），表單類（直式表單、橫式表單），活動會場類（活動背板、商品立板規範），網站版型（首頁、產品介紹版型、eDM 廣告版型）、服飾類（服務人員服裝規範）等註冊商標。

成功的設計品，不僅外觀要雅緻宜人，製造、運輸便利，生產成本低，同時要符合日常實用效益（佈置、功能的勞動經濟效益、外表的使用壽命等等），甚至使用終了時的銷毀方式，也早已事先經過考慮、設想。設計除了要注意空間、功能，以及造型美學外，設計團隊也不能忽略品牌定位（在潛在客戶心中，在競爭者心中，各是什麼定位）、網頁、名片和產品 DM，是不是都採用一致的顏色和形象？Logo 的呈現和用字，是否在所有地方都是一樣？合作夥伴、贊助活動，和產品屬性是否相符？產品包裝設計、廣告設計，和產品形象是否相符？預算足夠支持形象和維護嗎？

二、設計團隊所需條件

《管理百科全書》提及「產品設計師乃受雇於工業、商業、政府或團體，從事產品、環境的設計，或企畫的工作。對於購買者或使用者，必須使該產品能夠滿足他們在美學及功能上的需求。對於製造業者，必須達到產品易於銷售、獲得利潤。產品設計所處理的主要工作，乃在大量生產與銷售之產品上，以及有關

人性的各種因素：外表的吸引力、外觀的心理反應（線條、色彩、比例），同時考慮到使用方便功能、安全、維護、生產成本、運輸費用及銷售價格等；所以必須與工程師、研究專家、市場行銷及經理人密切合作。」從這一段所述得知，「設計思考」是一種以消費者為中心的設計精神，透過它，可以掌握消費者需要什麼、想要什麼，進而滲透影響創新活動的全面光譜，也因此，品牌設計團隊必須擁有敏銳的判斷能力，才能夠評估生活形態的趨勢及社會消費者喜好的改變。設計掌握了這些變數後所建立的品牌，才可能是一種清晰的聲音，一種只能被跟隨，而不能被抄襲的獨特聲音，這聲音來自於創意、執行策略，與專業能力的品牌設計團隊。

品牌設計團隊在設計任何一種產品時，應注意三大層次，這些需求層次也相互滲透、相互牽連。這三個層次是：

（一）外在或外形層次：包括色彩、質感、造型、線條、表面紋飾、細節處理、構件組成等屬性。以捷安特自行車為例，讓專業工程師與選手密切配合，並從技術層次、比賽力學等切入，開發設計符合選手質感與造型的車款。

（二）中間或行為層次：涵蓋功能、操作性、使用便利、安全性、結合關係等屬性。一般品牌最常見的問題就出現在中間或行為層次。例如，日本豐田汽車房車設計的安全帶拉緊裝置，在撞車時可能著火，以及引擎排氣系統一旦遇熱就會出現裂紋。所以豐田在 2009 年 1 年 29 日宣布，全球回收超過 135 萬部的 3 款房車，包含 2008 年在台灣銷售第二名的 YARiS。

（三）內在或心理層次：包括產品的特殊意涵，泛指故事性、

感情的或文化特質的產品。

在規劃設計團隊時，團隊成員應該具有互補的跨領域整合的專業。以下將跨領域專業，歸類為六大面向。

（一）人體工學：任何設計都是以人為本，所以應具備人體工學的知識。即使是平面、網頁設計或者 UI（使用者介面）設計，無一不是以人為對象做要求，如果讓使用者有使用上的困難與不便，就算是失敗的設計。

（二）心理學：既然設計是以「人」為對象，對於人的心理，與消費行為等相關心理學，應該有一定程度的認識。例如，品牌短歌就屬於心理學中制約反應的運用，也就是聽到歌曲或想到歌曲，就會聯想到某品牌。

（三）消費行為學：發覺消費者的使用需求、提供更好的使用體驗，是設計不可或缺的一環。基本上，以消費為基礎的產業，如何讓消費者願意消費該商品，以及如何對該商品訂價、通路的選擇、廣告、促銷等，都是設計的核心。

（四）經濟學：經濟是任何一個行業都該注意的，經濟的景氣與設計風格，往往有著一定程度的關係，所以了解總體經濟面是設計團隊所不可忽視的。例如，目前景氣惡化，價格低的小型電腦就深受大眾歡迎！

（五）社會學：人不能脫離社會而獨居，所以社會的潮流和變化，都會影響消費者對產品的想法與看法。設計與社會的變遷，兩者息息相關，掌握人類思潮的社會學，必須成為設計者的內涵。

（六）設計專業：要有嫻熟的設計能力與技巧，能針對不同

的設計需求，提出專業的設計。所以設計專業對設計師來說，是基本必備的，要能掌握造型上的時尚感、形狀、色彩、質感、理性、感性、技術、材料、形式、流行風格、內容機能與控制，其中流行敏感度和品味能力，更是突顯嫻熟的要點。

若具備上述專業等方面成熟的能力，則還須發展相互協調的能力。尤其在上百人的設計團隊中，如何成功溝通協調，則成了品牌成功與否的關鍵。

第五節　產品規劃

以企業的發展變遷史來看，產品從外在的表徵，到內在的意涵，從有形的形式，到無形的精神，只要不是從消費者出發，這樣的設計肯定不會成功！根據尼爾森行銷研究顧問公司（Nielsen BASES）和安永會計師事務所（Ernst & Young）最近的一次研究調查發現，美國新消費產品的失敗率是 95%，而歐洲新消費產品的失敗率，則是 90%。為什麼失敗率這麼高呢？這就涉及「科技優先」和「消費者優先」兩項議題，究竟何者為尊？選錯了，自然只有走上失敗一途。以下有兩個例子正可說明這兩項議題的答案。

【例一】微軟在 2007 年 1 月推出 Vista 作業系統時，號稱是最炫、最安全的作業系統，市占率高達 93.33%。但到了 2009 年卻下滑了將近 4 個百分點，而且還讓 Google、蘋果等強敵在作業系統市場上步步進逼！因此，它進一步地研發出最新的作業系統 Windows 7，將設計重點由科技轉

　　爲人性，讓軟體功能更貼近使用者的情境和經驗，把作
業系統做得更簡單、更人性化，但功能卻一樣強大、穩
定。

【例二】2009 年 1 月 9 日，英國政府針對 2500 多人進行了一項
　　　　「最讓英國人反感的科技發明」調查，結果日本發明的
　　　　「卡拉 OK」高居榜首。爲什麼會這樣呢？主要原因是
　　　　英國的卡拉 OK 包廂，它的隔音設施還不是很普及，酒
　　　　吧內放置的卡拉 OK 機，幾乎都是由一些五音不全和喝
　　　　醉酒的人所把持，每當他們上台一展歌喉時，就會讓整
　　　　個酒吧氣氛變差！

　　從以上這兩個例子可知，產品創新是否能夠成功，完全視該
產品能否貼近消費者需求。惟有深入了解購物者，傾聽他們的需
求，甚至比別的品牌更深入了解消費者，才能創造更可靠的消費
體驗，以贏得消費者的「心占率」與忠誠度。

　　使用者涉入設計過程，可將設計任務轉換之關係區分爲三類
型：（1）爲使用者設計（Design for User）；（2）與使用者共同設
計（Design with User）；及（3）由使用者自行設計（Design by
User）。這三類型都說明使用者是核心，若能掌握此核心，對於
品牌的推動將有加乘的效果。例如，Eee PC 在研發初期，就加
入了使用者的經驗，其作法是舉辦一場千人試用大會，讓員工
把 Eee PC 帶給家人使用，一起找問題。當時一共找到了上千個
Bug（瑕疵），研發設計團隊再以這些使用者的意見加以修改，使
Eee PC 更爲簡單好用！

　　根據成功與失敗的案例，得知設計團隊應先定位出消費者的

典型,再根據不同消費者的需求,量身訂作出所需的產品。在產品規劃時,應同時追求產品的專業性、耐久性,並重視品質、耐用、安全、包裝設計、無形感覺及品牌形象等議題。

一、規劃功能

設計團隊依各項設計目標,訂立產品應具備的功能,其功能可根據其共享性程度,概分為兩類:

(一)通用功能:可同時達成兩個以上設計目標的功能,共享性高。

(二)特定功能:僅適用於特定目標,共享性低。為了品牌承諾的完整實踐,規劃時還必須涵蓋售後的各種服務,以免因瑕疵品的出現,而影響消費者對品牌的認知。如何整合銷售及服務的全功能經銷體系,在每個經銷據點皆提供頂級銷售服務,與專業的售後服務,讓客戶享有便利的保修服務,這是品牌設計總體規劃任務之一。

二、規劃價格

在不同地區所設定的價格,應該會有所不同,例如捷安特腳踏車折疊車款,在海峽兩岸的價格政策就明顯有差異。通常,在經濟不景氣的時代,價格是主導銷售業績的唯一因素!尤其在技術品質沒太大差異化的前提下,誰的價格低,消費者就購買誰的產品。Vizio 以前是知名度不高的品牌,但在 2007 年第二季度卻成為北美最暢銷的液晶電視廠商。Vizio 之所以取得這樣輝煌的成績,部分歸因於其極低的價格。據 2008 年 iSuppli 公司的美國消費者追蹤液晶電視服務的報告中,價格和圖像質量是消費者購

買液晶電視時的兩項主要考慮。在消費者所關注的項目中，品牌和技術分別遠遠地排在第三和第四位。例如，華碩推出的 Eee PC，不僅打破了筆記型電腦「比規格」的競爭模式，也開創了全新「低價電腦」的新紀元。

三、規劃品質

設計品質應涵蓋產品應有的基本品質、消費者期望品質以及令人感動或驚艷品質。基本品質就是指商品應有的品質。消費者期望品質則因地而有所差異，通常來說，經濟愈發達的國家，品質就愈重要。這兩者相加所顯示在有形商品上，就是可靠度、耐用性、利益、造型等；無形服務的品質，則強調可靠度、反應度、保證、同理心和有形化等。至於令人感動或驚艷的品質，則著重獨創性的風格特色。

品牌品質＝基本品質＋消費者期望品質＋令人感動或驚艷品質

韓國品牌三星大廠，為了提升產品品質，在各部門原有品管單位之外成立總品管處，如果發現劣質產品，隨即公開砸碎或焚毀，以此作為員工教育與宣示品牌的承諾。無論是品牌最終與消費者接觸的介面，還是服務與產品的本身，對擁有知名品牌的廠商而言，產品品質乃是維護品牌聲譽的基本要素。懂得做好品牌固然重要，但前提還是要維持品質，如此才能長期獲取消費者的認同。一旦產品品質、規格不符或產品機能有了缺陷，必然會引起顧客的抱怨；若再延誤處理客戶抱怨及錯過採取對策的時機，企業品牌就可能陷入危機之中。

其實，不論廣告投資多寡，廠商都必須透過產品的銷售，以

回收其品牌投資。尤其當品牌投資挹注到某種程度後，唯有消費者的重複購買，才足以讓廠商回收其廣告成本。如果產品品質不良，消費者勢必拒絕重複購買，而廠商也就無法回收其品牌投資。不景氣時代的品牌趨勢，最強的品牌力終究來自品質，這才是長期獲取消費者認同之道。日本松下電器的松下幸之助與新力的盛田昭夫，這兩大品牌均是在日本戰後，百業蕭條的環境中快速崛起的企業！兩大品牌都是奠基於優良的品質。

在金融海嘯後的大蕭條時代，品質的重要性更顯得彌足珍貴。以阿原肥皂為例，它之所以能在景氣寒冬逆勢突圍，就是在產品規劃時，以消費者為中心的材料創新。阿原肥皂選用台灣陽明山國家公園中無污染的山泉水，再以食用油（橄欖油、椰子油）為基底，加上菊花、茶葉、檸檬、艾草、左手香等本土藥草，完全不含介面活性劑等化學添加物。每一塊手工皂都要經過 18 道工序、45 天的孕育。從塑型、冷凝皂化、脫模到裁切、印記，全靠萬能的雙手，不添加石臘加速硬化，也不使用機器。所以通常一塊普通肥皂，頂多十幾元台幣，但是國產的阿原肥皂，竟能賣到二、三百元。

消費者在挑選品牌時，「品質」常居首位。企業必須對產品品質、細節，和客戶期望有高敏感度。

如果品質要求是正確的方向，那麼就要針對品質的八大要素：產品表現、特性、信賴度、適用性、耐用性、服務能力、美感、品質知覺及形象等，投入資源與努力。依據自執合約理論（Self-enforcing Contract），為免遭受品牌聲譽受損所帶來的實質損失（失去賺取超額利潤的能力），聲譽卓著的廠商勢必刻意維護其品質。因此，維護品牌聲譽就必須保證品質的優異。一個聲譽受損的

品牌，其價值可在瞬間消失，並為擁有品牌的廠商帶來巨大的損
失。

四、規劃包裝設計

　　包裝是品牌提示的有效方法，因為包裝是購物者最先面對的
真實刺激因素。近來產品的多樣化，使得包裝設計的品質成為商
品促銷的先決條件。商品必須將「購買我」的信號，於十五分之
一秒內有效地傳達給消費者。根據研究顯示，消費者購買行為有
75% 係受包裝影響，因包裝設計的影響，使得同類產品中，第
一被選購的商品占八成；而有九成商品於一年後需下架或重新包
裝。因此產品需要突顯設計的包裝，以利於第一時間吸引消費者
的注意。

　　良好的包裝設計通常可提高產品的價值感、促進銷售量，更
能傳達企業形象，以及獲得消費者之肯定。味全在 1996 年嗅到
了純果汁的市場商機，由於純果汁富高維生素 C、纖維素和新鮮、
純度高，故將產品定位為「100%、新鮮、自然、好喝」。不過上
市後市場反應冷淡，深入了解後，才發現問題是出在包裝了無新
意，於是，從國外引進全新的瓶型技術，再推入市場，在耳目一
新的視覺感受下，迅速成為市場首選。

五、規劃通路

　　行銷通路（Marketing Channel），又稱配銷通路（Distribution
Channel）或交易通路（Trade Channel），是由一群相互關聯，且
分工合作的組織（如公司、賣場、合作社）所組成。如何在品牌
廠商的整合下，讓資訊流、物流、金流和售後服務等順暢，是通
路規劃的重要議題。

通路的任務主要是促使產品或服務，能順利地被終端使用者消費，也就是便利需求者進行採購活動。顧客入口（Customer Access）指的就是企業這方面的能力。例如，像麥當勞、星巴克、沃爾格斯（Walgreens，美國大型連鎖藥局）等品牌公司，他們的顧客入口，就是精華地段的熱鬧地方。通路成員爲滿足市場需求、維持通路競爭力、建立良好的通路績效，彼此間會形成特殊的依存關係。所以行銷通路常被看成四通八達的網路系統，好比交通網絡，只是在上面流動的是商品（或服務），用以連結生產者和消費者。

通路有虛、有實，兩者可個別分開，也可交錯串連，就看企業如何運用策略。通路不同，所展現的效果也就不同。通路的類別，有擺攤展示、國內外參展、園遊會、演講、通路洽談、電子報行銷，及大企業員工特約網路商店等，虛實交錯之行銷通路。以下舉三個例子做說明：

（一）ROSDENTON（勞斯丹頓）

勞斯丹頓屬「瑞士註冊、台灣組裝」，是中華民國手錶業者的自創品牌，創立 20 年，原本只在傳統鐘錶店販售。近年來突然竄紅，最主要的翻身機緣就是登上了東森購物台的通路，也就是先透過電視購物與廣告來打響品牌知名度，然後再用品牌知名度強勢進駐實體的通路策略。

（二）捷安特

捷安特針對不同地區，規劃不同通路。在美國銷售據點爲專賣店、一般賣場、倉庫型量販店、運動用品店、玩具店等；在歐洲銷售據點爲專賣經銷商、運動用品店、連鎖店、超大型商場；

在日本銷售據點為量販店，如百貨店、折扣店、超市、家用品中心；在大陸的主要銷售據點為專賣店、連鎖店、大型量販店。

（三）天柔霜

1969 年，天柔霜申請「愛司」（AICE）商標品牌，1979 年，商標名改為愛司美（AICEMEI）。80 年代因傳統百貨行逐漸式微，愛司美業績直直落，甚至工廠被銀行法拍。後來藉由人脈關係行銷，拓展了不同的通路，才讓老品牌重新活化！

六、規劃無形感覺

企業經營品牌是創造獨特的顧客經驗，不過許多企業剛開始發展品牌，思考邏輯不免會有些「反應不及」，仍著重生產效率與配銷，偏重「產品導向」，而很少「站在使用者角度」研發商品，因此所制定出來的品牌，自然不易滿足消費者的需求。品牌強調功能創新，指的就是將概念轉化成具體的產品功能，需要以顧客經驗為主的原型思考（Prototype Thinking），創新者必須站在使用者的角度設計產品，唯有使用者經驗才是重要的參考指標。若能完全站在顧客的立場，思考產品的組合設計，就比較能夠提供使用簡單，品質功能卓越，以及令人驚喜的整體設計。

其實，品牌本來就是一種認知，包括實質的產品與無形的感覺。實質的產品，早已獲得消費者的肯定，如今品牌最想抓住的就是「無形的感覺」，這種無形感覺通常會讓消費者感動、驚喜，第一次看到「它」時，就有「WOW」的經驗感覺。這種「無形感覺」的力量，不僅能有效激發人類的六大感覺：視覺、嗅覺、聽覺、味覺、觸覺及美感，還能創造出一種只要讓消費者看上一眼，就會產生想擁有這項產品的神奇魔力。

　　如果在規劃產品時，只強調基本品質，少了無形令人感動或驚喜的特色，就顯得創新有些不足。所以，企業要緊抓消費者的心，就得讓品牌「住進」消費者腦海，搶占顧客的「心靈占有率」。企業在品牌發展初期，應站在消費者角度思考，如此一來，品牌策略便能與消費者產生共鳴，產生品牌優勢。

七、規劃品牌形象

　　品牌形象通常會被消費者用來作為評價產品品質的外部線索。簡言之，消費者利用品牌形象，來推論或維持其對產品的知覺品質，還用它來代表整個產品的所有資訊。例如，看到聯邦快遞的品牌時，就會聯想到可靠、親切、專業、迅速以及高科技等印象，這是一個完整的品牌形象。如果今天要新規劃一個像聯邦快遞的品牌形象時，應該注意什麼？完整的規劃程序又是什麼？基本上，首先應注意品牌在視覺上，新穎而統一的形象，其做法是把基礎識別和立體傳播結合起來，然後保持策略和實施的持續與統一。在規劃程序上，品牌設計管理團隊可以透過四個階段來完成。

　　（一）前置階段：企業透過內外部資訊的蒐集，包括高階主管的意見及判斷，以及市場反應與競爭者動態，定義出品牌在該公司策略，及財務目標的達成上所扮演的角色，簡言之，就是確實勾勒出品牌對企業生存目標貢獻的願景。

　　（二）執行階段：要決定品牌的形象。所謂品牌的形象，就是指以品牌為中心的許多概念的有意義連結，換句話說，就是品牌在顧客心中的樣貌。

　　（三）品牌定位：在這個階段強調自己品牌與競爭者品牌之

間的差異,以及能提供顧客的利益。

（四）品牌績效:該階段通常是難以執行,卻又是相當重要的階段差異化。無法確定究竟哪些因素可以代表品牌的績效。

目前國內很多本土企業,基本上已經建立了自己的品牌形象,如果有朝一日品牌需要重新出發,在規劃識別系統與整體造勢時,就要總體重新地慎重考量,而非個別地切割。以多年前的歐香咖啡為例,為了有效地與伯朗咖啡有所區隔,即特別強調異國浪漫情懷的品牌認知,從包裝到廣告都以異國情調為主軸。後來歐香又大幅再造品牌形象,重新以流浪到淡水,及藍領建築工人等系列的廣告為訴求,吸引消費者的注意力。由此可知,消費者對品牌的形象塑造,從產品品牌名稱、銷售據點、產品品質與價值均應符合一致性,不能廣告歸廣告,通路歸通路,造型歸造型。

八、規劃生產方式

品牌設計可以自行設計生產,或是委託設計生產,但是若規劃不當,有可能為自己培養出新的競爭對手。過去國外品牌大廠為了降低勞動成本、釋出產能與資金,而採用委託設計的方式,以便更能專注於提升產品價值的研發創新與品牌的行銷。在這種情況下,台灣資訊電子廠商因此獲取了以代工的方式來培養本身製造能力的機會,進而參與了品牌廠商的產品設計與開發工作。這不但使我國企業具有為顧客產品提出改善建議的能力,還得到執行自己產品創意的機會,對原品牌企業造成殺傷力。因此企業未來要採取何種生產方式,應慎重三思!

九、建構模擬使用情境

消費者使用時的心境，必須細心模擬考量與設計營造！「使用情境」是指商品在操作使用時，所可能衍生出來的移情作用，以刺激消費者的想像力，使其盡情地陶醉在所設計的情境中。

以上九點為應注意的規劃要點，但如果企業礙於資金限制，沒有設立自己的設計部門，則可借助各大學育成中心來發展特色產品，以強化產品的核心競爭力，進而提高產品的附加價值、加速企業自創品牌的效果。目前國內研發設計能量 70% 以上，蘊藏於大專校院。大學本是產生原創性新知識、新技術的重鎮，透過產學合作，將學校具原創性、突破性的創意（Idea）、發明（Invention）、創新（Innovation）成果，系統化地導入產業應用，

品牌通路表

自有通路		外部通路	
類型	說明	類型	說明
門市	●加盟店 ●直營店	批發	●大盤商 ●中盤商
專櫃	●在百貨公司、量販店或購物中心設櫃或設店經營	零售	●百貨公司 ●購物中心 ●專賣店 ●均一價店 ●便利商店 ●量販店 ●超市
電子商務	●自營 B2C 或自營B2B 網站 ●在網路商城中開店	無店鋪販售	●電視購物 ●網路商城 ●直銷 ●型錄銷售
人員直銷	●自建銷售團隊		
無店鋪販售	●如型錄行銷		

品牌專案管理表

品牌專案管理	品牌管理五大流程				
	起草階段	計畫階段	執行階段	控制階段	結案階段
九大變數　整合					
範圍					
時間					
成本					
品質					
人力資源					
溝通					
風險					
採購					

發展創業型經濟（Entrepreneurial Economy），則有助於企業的快速發展。

📁第六節　品牌策略規劃

在規劃品牌策略的階段，應該考量哪一種策略，對建立品牌的權益可以最快、最持久，以及對企業永續生存最有利！以下針對此議題，提出企業常使用到的。

一、產品線延伸策略（Line Extensions）

產品線延伸應指企業現有的產品線使用同一品牌，當增加該產品線的產品時，仍沿用原有的品牌。這種新產品往往都是就現有產品的局部改進，如增加新的功能、包裝、式樣和風格等等。通常企業會在這些商品的包裝上標明不同的規格、不同的功能特

色。產品線延伸原因是多方面的,如充分利用過剩的生產能力;滿足新的消費者的需要;填補市場的空隙,與競爭者推出的新產品競爭,或得到更多的貨架位置;擴展產品的存活率(新產品的失敗率在 80% 到 90% 之間);滿足不同細分市場的需求;完整的產品線可以預防競爭者的襲擊。

產品線的擴展也有其不利之處,就是可能使品牌名稱喪失了它特定的意義。隨著產品線的不斷加長,不僅會淡化品牌原有的個性和形象,增加消費者認識和選擇的難度;有時也因為原來的品牌過於強大,致使產品線擴展造成混亂,加上銷售數量不足,難以抵銷開發和促銷成本;如果消費者未能在心目中區別出各種產品時,會造成同一種產品線中,新、老產品對決的局面。

二、家族品牌

對所有產品使用共同的家族品牌名稱。即企業的所有產品都使用同一種品牌。對於那些享有高聲譽的著名企業,全部產品採用統一品牌名稱策略,在名牌效應之下,可以使企業的所有產品暢銷。David A. Aaker 與 Erich Joachimsthaler 在《品牌領導》(*Brand Leadership*)一書中,對於家族品牌策略所下的定義是,當產品差異性高且較難使用企業品牌時,可將單一的主品牌用於多種產品與服務上。家族品牌擁有多項優點,例如,可以將共同聯想連結到不同獨特產品上,進而降低相關新產品之成本,並增加消費者接受度,以加強明確性與綜效。各產品類別均採取統一的品牌名稱,要比運用數十種個別品牌,更容易記憶。當品牌在某一產品市場創造了聯想性與能見度時,家族品牌更能將綜效發揮到極致,因為品牌在每一市場下的每一次曝光,都有助於能見

度的提升，強化品牌的知名度。

三、多品牌策略

多品牌策略（Multi-Brands）就是給每一種產品冠以一個品牌名稱，或是給每一類產品冠以一個品牌名稱。這類產品可透過相似的配銷通路、類似的價格，銷售於同類，或不同類的目標消費者，寶鹼（P&G）就曾經發展出 1600 多種的品牌。

多品牌策略是公司擴大整體市場占有率，及競爭的有效武器，也是對品牌忠誠度不高的消費者最有效的方法。採用多品牌策略，將可使廠商在不同的市場區隔上，吸引不同特性之消費者，獲致最大可能的銷售量。在個性化與多樣化的消費潮流裡，企業若能進行深入的、科學的市場調查，並在此基礎上發展出多個品牌，每個品牌都針對某一細分群體，進行產品設計、形象定位和廣告活動，那麼各品牌的個性和產品利益便能更吻合，因此更顧及到某部分消費者的特殊需要，自然能獲取這一消費群體的信賴和品牌忠誠。比起面向大眾消費群泛泛而談，沒有特色的品牌更有競爭力。同時在對抗競爭對手、分散風險方面，還可以使企業的整個聲譽，不致因某種產品表現不佳而受到影響。我國採多品牌策略的公司很多，例如，以神達電腦為例，在全球導航系統市場，以自有 Mio 品牌，主攻亞太及新興市場；Navman 則是以紐西蘭、澳洲及西歐為主要重心；Magellan 以北美市場為主。

四、品牌延伸策略

跨領域的品牌工程不易，因此才有很多的品牌，寧願專注在本業發展，而不輕易跨出本業。但是在愈來愈複雜的整體市場發展下，各種變數每天層出不窮，有可能是新的機會，也有可能是

新威脅,誘使或迫使廠商,跨出本業而進入另一領域。製造香水的法國名牌迪奧(Christian Dior)、香奈兒(Chanel)等,後來將品牌延伸到時裝與配飾市場,這是品牌延伸策略的成功代表。失敗代表則以 1903 創立於美國 Milwaukee 的哈雷機車(Harley-Davison)為例,哈雷將其品牌延伸到非相關的菸草及酒品冷卻器,結果卻銷售不佳,還造成了財務危機。

品牌延伸(Brand Extension)策略與品牌授權策略,同為廠商獲得品牌權益的方式之一,目前也已成為不少公司推出新產品時所採用的重要策略。品牌延伸策略乃是借用品牌權益,亦即將知名品牌運用在相同或不同的產品類別上。以山葉(Yamaha)為例,這家日本超級品牌,以樂器和機車產業同時聞名於世。兩家公司雖然擁有不同的產品線,但是都使用山葉的名字與標誌。以 Eee PC 對華碩來說,當顧客接受 Eee 品牌價值時,是否也等於消費者可以接受 Eee 概念,其他華碩家庭數位的產品,包括 Eee Phone、Eee Digital Music 等,一旦授權或延伸失敗,將會稀釋原品牌權益,影響原產品的品牌形象、品牌權益,甚至會使原產品銷售量下降!

消費者對品牌延伸的評估,有其一定的過程。這個過程是消費者會依賴儲存於長期記憶中的資訊來評估,消費者知覺到原品牌產品,與延伸產品間的相似或契合程度,進而影響其評估品牌延伸的動機,導致不同的延伸評估結果。所以當原品牌與延伸產品的品牌概念一致時,會強化消費者對品牌延伸之評估;當延伸產品與原品牌,同時具有高度的特徵相似性,與品牌概念一致性時,消費者對品牌延伸的評價更高。為避免品牌延伸的失敗,甚至稀釋原品牌的權益,在進行品牌延伸時,必須滿足三項要件:

（1）消費者知覺到延伸產品，與原品牌具一致性；（2）延伸產品相對於同產品類別的其他產品，在市場上具有競爭優勢；（3）消費者感受的原品牌利益，可移轉至延伸產品。

五、新品牌策略（New Brands）

　　為新產品設計新品牌的策略，常被稱為新品牌策略。當企業在新產品類別中，推出一個產品時，它可能發現原有的品牌名稱並不適合它，或是對新產品來說，有更好更合適的品牌名稱，企業則可採取新品牌策略。

六、合作品牌策略

　　合作品牌（也稱為雙重品牌）係指兩個，或更多的品牌，在一個產品上所做的結合。每個品牌都期望另一個品牌能強化整體的形象或購買意願。合作品牌的形式有多種，一種是中間產品合作品牌，如富豪汽車公司的廣告說，它使用米其林輪胎。另一種形式是同一企業合作品牌，如摩托羅拉公司的一款手機，使用的是「摩托羅拉掌中寶」，掌中寶也是公司註冊的一個商標。還有一種形式是合資合作品牌，如日立的一種燈泡使用「日立」和「GE」聯合品牌。

3

品牌設計

第一節　實踐品牌設計工作

　　品牌設計大師馬克·葛伯指出，品牌忠誠度的建立＝文化價值＋時尚品牌性格＋情感連接。事實上，台灣走過半世紀的老品牌，大多重視品牌設計，例如，綠油精、養樂多、蝦味先、阿瘦皮鞋、天仁茗茶、黑人牙膏、大同電鍋、黑松汽水、小美冰淇淋、達新牌雨衣、萬家香醬油、掬水軒情人糖、牛頭牌沙茶醬、南僑水晶肥皂、資生堂蜂蜜香皂、利百代小天使鉛筆等，大多具有此特色。

　　設計是品牌工程的重要起點，不論是傳統產業或高科技產業，或是有多崇高的品牌理想，都必須從設計這個基礎開始，來奠基品牌的根本。同時設計也是一種藝術型式，一項行銷美學，透過這些設計，能建構獨特風格、明確市場區隔，吸引市場高忠誠度的顧客，進而建立獨有的品牌風格，擁有不易被模仿的事業定位，所以品牌與設計是相輔相成、密不可分的，而且設計是品牌成功的必要條件。目前品牌設計的範圍，雖有愈來愈廣的趨勢，但總的來說，則包括：市場設計分析、產品設計、品牌設計、品牌形象設計、品牌命名設計、企業簡介設計、品牌故事設計、展示設計、專屬網站設計、網頁設計、包裝設計、品牌口號設計、產品型錄設計等。

　　如果將市場各種企業品牌加以分類，則可發現優良及國際品牌約占 10%；市場活躍品牌約 20%；合格品牌、即將崛起新品牌約 30%；無品牌意識上下浮動為 40%。由這些統計數字得知，蜚聲國際的品牌及市場活躍品牌，兩者總和不過 30%，為什麼會這樣呢？其中設計和品牌最大的困境，就是未能確實摸索並掌握

消費者腦袋中抽象的認知，並進一步創造出認同與偏好。說得更清楚一點，設計團體所設計的，其實並不是產品，而是消費者認知。未認清這一點，就會淪於產品規格，與製程技術的追逐，並做出一堆功能強大，但差異不大的同質產品。唯有認清消費者認知，藉設計的功能，完成感動人心的作品，以凸顯其差異性。

根據英國設計協會查訪全球十一家知名品牌後，發現儘管產業別有所不同，但從創意到執行的過程中，大致上，幾乎都採用相似的設計流程。這些設計產品或服務的流程，必然有其一定要遵守的規範程序，這樣才能保證產品的市場性與內在品質。以下將此程序說明。

一、確保合乎消費者

商品要感動人，必須先「Mind to Mind」（將心比心），去體會目標消費者的生活，並設計出他們想要的產品。例如，芬蘭第一品牌的書包 Marimekko，該公司所出產的帆布與染料，具有高度品質。名為 Olkalaukku 的設計，是 Marimekko 的銷售冠軍，內包外側有兩個口袋，可放鉛筆盒、行動電話，並有一個名片夾，內層沒有其他的口袋，被稱為是「芬蘭人的書包」，擁有 32 年的歷史，至今依然當紅，這顯示了該款書包的設計十分合乎當地消費者的需要。

為確保合乎消費者的需要，其具體兩大步驟是：（1）決定誰是顧客（WHO）、顧客想要什麼（WHAT），以及如何達成（HOW）顧客的需求；（2）將顧客的需求，轉換成技術需求，並建立產品或製程特性的目標價值。

二、同步工程

　　傳統的產品開發過程，多是以循序漸進的方式進行，不僅延長了產品的開發時程，更浪費生產成本，經常導致產品錯失上市時間的競爭優勢。而同步工程的目的，則在整合行銷、產品設計、製造及相關製程，以有效縮短產品開發時程。同步工程是指在產品設計的初期，讓設計、品保、工程、製造、行銷、採購等人員，以交叉功能小組的方式，共同參與研發。此種作業模式能使研發人員在最早時間內，有效掌握各部門的意見、降低反覆溝通的次數、縮短研發時間。非研發人員則因參與研發過程，得以提早獲得研發相關的訊息與動態，而能有更充裕的時間，進行相關的準備工作（如市場行銷）。

三、易製性設計

　　在設計產品時，要考慮日後加工與組裝等方便性，使生產能達到低成本、高品質的目標。通常應採取的六原則是，（1）盡可能使零件數目減少；（2）採用模組化的設計；（3）善用材料物理特性；（4）注意製造方法；（5）避免尖銳突出的設計；（6）了解製程能力。

四、電腦輔助設計

　　在研發產品時，可利用電腦來協助設計、修改、模擬、測試及分析。這個優點不僅能增加設計師的生產力，至少三至十倍，也不必費力準備產品或零件的手繪圖，還可快速且反覆地修正設計上的錯誤。

　　通常設計專案中，大約有 75% 是不成功的，主要是因為無法按時完成、超出預算，或品質不夠好。所以在接到設計專案的

任務時，就應掌握最高決策層對設計意念的方向，並擬定專案計畫。然後用 Excel 把工作項目詳細列出來，並寫上每個項目的預估日期，以及標明各項目的負責人。俟此工作專案安排就緒後，再以電子郵件的方式，發給每位夥伴及最高決策團隊負責人。此後，每日或每星期定期檢視團隊成員進度，查看是否有確實按照原先設計方向和目標進行。

在設計工作的過程中，包括靈感、初步構想、計算、討論摘要、訪談內容及心得和結果，不論成功或失敗，均應記錄於設計記錄簿。設計記錄簿應即時填寫，撰寫頻率 1 週不應低於 1 次。填寫的表達方式，應注重清楚、明瞭，並加上簡單的說明和結論，以利後續的工作者可以繼續工作（專案人員有可能變動）。撰寫時，應使用能永久保存的書寫工具，原子筆、鋼筆、簽字筆，避免使用鉛筆。此外，切勿在紙上撰寫後，再黏貼於記錄簿上；如果必須黏貼電腦輸出文件、照片、圖片及表格等時，須在接縫處簽上姓名和見證。設計記錄簿不得撕燬，每頁記錄前應填寫計畫代號、姓名、日期；記錄錯誤的地方，切勿擦掉、塗改，應以線條劃掉，並簽上姓名及日期。這樣做，既可在智慧財產權的保障上，多提供一份具體的證明，同時，也能預防人員可能的變動所造成的設計專案的困擾與危機。

第二節　品牌風格設計

產品風格的形成，有其發展的歷史，每個時代、區域、社會都各有其特殊性。不同民族在不同時間，衍生出不同的主流設計原則或策略，這就是不同時代的設計風格。其過程從希臘羅馬時

代的設計風格→中世紀設計風格→文藝復興設計風格→矯飾主義設計風格→巴洛克設計風格→洛可可設計風格→新古典主義設計風格→美術工藝設計風格→包浩斯等現代設計風格→裝飾藝術設計風格→抽象主義設計風格→後現代設計風格→21世紀設計風格。

一、品牌風格的意義

　　風格能提供一種氣氛，予人一種特殊感覺（簡約、時尚、華麗……），或不同的深刻印象，是各種特色的綜合表現。品牌風格（Brand Character）則是指，品牌本身在市場上，所展現長期持續性的特質與格調。每一種品牌的風格，都不盡相同。

二、品牌風格的魅力

　　品牌風格的第一印象，就決定了與消費者的距離。每個成功的品牌，都塑造了獨特的風格和個性，譬如真誠（Sincerity）、興奮（Excitement）、能力（Competence）、典雅（Sophistication）、堅實（Ruggedness）、南歐（日本、蒙古）特色、原住民特色等。

三、塑造品牌風格的目的

　　品牌風格能塑造企業與產品的形象，以及與產品相關的各種屬性。任何產品具備了品牌風格，也就意味著它形成了與其他產品不同的特點和個性，擁有了區別於其他產品的差異性，與競爭的能力。同時，品牌風格的接受程度，自然反映了市場對該品牌的感覺。若是消費者覺得這個品牌是恰當的，是屬於自己的產品，則比較願意與該品牌建立關係。

四、品牌風格設計的內涵

品牌風格設計的內涵，必須考慮到所要呈現「物」的風格構想，並賦予形狀的造形過程。品牌風格在設計上，須考慮到三個層面：美學的要素、技術的要素、人體工學的要素。透過這三者的總和，可以爲品牌設計出風格。

五、品牌風格設計方法

（一）「劇本」式設計法→「以使用者爲導向」，於設計開發過程中，不斷以視覺化及實際體驗的方式，引導參與產品設計開發的人員，從使用者及使用情境的角度，去評價產品設計的成熟度與周全性，以完成一個具有美學造形，且充滿感情能夠打動消費者的心靈產品。

（二）情境故事法→在產品開發過程中，透過「想像」消費者可能的使用情境，以檢驗產品的構想，究竟是否符合使用者的需求。

（三）產品語意學設計法→經由符號造型、抽象圖案，和造型等操作，以符號詮釋產品設計的意義，並提供使用者與產品之間良好的訊息傳達！

（四）追隨既有「典範」→過去的典範，從希臘羅馬時代的設計，到後現代的設計，追隨既有「典範」，也是風格設計方法之一。

五、風格設計的標準

當消費者第一次看到、摸到產品時，或在享受消費時，會有驚喜的感覺，這樣的風格設計就算成功了！

六、風格設計的美學

風格設計必然要加入美的形式，其內涵包括了秩序美、反覆美、漸變美、律動美、比例美、對比美、調和美、統一美、基本美等。透過風格造型，設計達成了五大功能：1. 識別與確認；2. 資訊分享；3. 市場銷售；4. 製造歡樂；5. 創造差異化。這些功能可使消費者獲得產品功能上的滿足，以及心理的愉悅。

七、風格設計應有「三個掌握」

1. 掌握設計原理→直線、平面圖像、立體造型、空間、顏色、構成、組織原理等，會對消費者產生不同的心理影響。

2. 掌握設計需求→目的、功能、美感、性能、市場、特徵、品味、風格、安全性，制定設計概要及規格外，更要為商標與製成品設計視覺美感。

3. 掌握美的形式技術→平面構成技術、視覺幻象技術、特殊技法表現、基本攝影技術，以及文字造型技術。

八、新時代設計的風格特色

（一）低調華麗：全球的失業潮和貧富差距過大的現象，使目前新時代設計的風格特色，主要偏向簡單、大方、不張揚的低調華麗風格；（二）個人化需求：企業為滿足消費者個人化需求，因而興起客製化的潮流。特別在產品風格裡，加入了自我意識，使產品更具獨特性。

第三節　品牌識別系統

品牌識別體系是品牌的身分證，從人類群居開始，曾以圖

騰、顏色或稱號，來區別敵我或同盟之間的關係。直到二十世紀初，具有遠見的公司領導者才認識到品牌識別系統的威力！整合具一致性的代表圖形，既可延伸到一切的產品上，又能創造出商品，乃至企業獨特的魅力，而成為行銷之利器。

　　企業識別設計與一般設計最大的不同即在於，前者傳達企業精神之所在，而非僅為美觀而設計。企業識別系統（Corporate Identity System，簡稱 CIS）即是指：企業將理念、風格、產品、行銷策略，運用視覺傳達等設計的技術，透過整體設計的表現，來塑造企業獨特化、一致化形象，使之有別於其他競爭者，而使消費者心中產生深刻的認知，最後達到產品銷售的目的。企業識別系統涵蓋理念識別（Mind Identity）、視覺識別（Visual Iden-tity）、行為識別（Behavior Identity）等三個體系。很多人都把企業識別系統，等同於企業的 Logo 或註冊商標，其實這只是企業識別系統的其中一部分。舉凡商標設計、員工制服（上衣、領帶、褲子、裙子、外套、背心）、公司名片、對內對外的公文格式、公司標準字型、專用信封信紙、座車外觀、宣傳旗幟以及店面標準裝潢原則等，都是企業識別系統的一部分。

　　企業識別形象的建立與統一，對外是透過整體嚴謹的溝通，與一致性的視覺規劃，使得企業的形象，明確而廣被大眾認知與肯定；對內則有凝聚員工向心力，與自我認同的力量。透過企業識別系統的建立，企業將能大幅強化行銷力量與品牌知名度，運用整體傳播系統，傳達給周遭的關係者或團體，並使其對企業產生一致的認同感與價值觀。視覺設計、公司商標或是送貨車外表廣告圖案，如果所有可見物，看上去都沒有一致性，無形中就會干擾消費者，甚至產生錯誤聯想，且不利於日後行銷推廣。

　　企業識別系統代表著企業經營的理念與精神文化，近來愈來愈多的企業重視 CIS 的規劃，這將有助於企業形象的統一和強化，以及品牌知名度的拓展。日本企業文化型的 CIS 識別系統，其特點是主張企業應由內而外來進行全面體質檢視，並從理念識別開始。企業以強調經營理念的整合，及員工的意識改革為核心，透過規範制度、活動的行為，來建構企業文化；並以視覺識別來統一企業整體形象，成功例子如 1985 年日本電信株式會社（NTT）、Sony、JVC 等。

　　美國識別設計體系的主要特點是建立在市場調查基礎之上，強調消費者分析、定位、標準化，競爭導向和以視覺傳達為主的 CIS 設計。由於美國企業生態完全為自由市場導向，其社會消費觀念成熟，消費者崇尚個人主義，並強調自我個性等，因而影響企業必須著重市場調查，強調消費者導向及視覺設計，以吸引顧客。

　　1956 年，國際商業機器公司（IBM），將「B」字中間改成兩個方洞，並將三個字母以同一個風格修正，模擬由打字機所打出來的字，因為 IBM 是從事務機器及打字機起家的。藉著簡單鮮明的標誌設計（設計者：Paul Rand）和統一的視覺識別，率先將企業識別系統融入企業，建立高科技領導者的形象，結果大為成功。有鑑於此，美國各大企業乃紛紛導入企業識別，包括可口可樂（Coca-Cola）、美國電話與電報公司（AT&T）、通用汽車（GM）、李維牛仔褲（Levi's）、萬寶路（Marlboro）等。

　　品牌識別系統所組成的品牌名稱、品牌符號與標幟、品牌人物、品牌口號、品牌短歌，甚至顏色的搭配，是不可分開的一整組。它是在一個總體精神架構指導下設計，每一個部分都服從這

個精神架構指導，而不應該出現各自爲政的現象。爲說明方便，以下就各項組合要素加以說明。

一、品牌名稱

對於一個企業而言，品牌名稱不僅僅是一個簡單的文字符號，也是企業整體的化身，更是企業理念的縮影和體現。品牌個性的核心，是建立知名度及與消費者溝通的基礎，象徵組成產品的各屬性的總和，也是品牌差異化的重要工具。企業或產品可以透過品牌名稱，來引起消費者的品牌聯想，而且品牌名稱的效果，比大多數行銷工具的效果更持久。設計時品牌名稱不要太長、拗口、不好記，或有不好意義的諧音等，這些都不利於品牌印象與口頭的傳播，應該盡量予以避免。

不同企業的品牌名稱，有其不同的原因，例如：

（一）阿瘦皮鞋：阿瘦皮鞋是因創始者羅水木先生，1952 年自南部來台北打拚，因體型瘦小，所以被客人稱爲「阿瘦」，這是「阿瘦皮鞋」店名的由來。

（二）捷安特：捷安特是「Giant」的音譯，有「巨大」的意思，當時因我國「巨人」少棒隊得到世界少棒冠軍，揚威國際，對中華民國的人來說，有更多的感情意義，而以此做爲該品牌名稱。

（三）宏碁：宏碁創立 acer 這個品牌名稱，是當年運用電腦從四萬多個名字中篩選出來的。acer 源於拉丁字，代表鮮明的、活潑的、有洞察力的、敏銳的與有活力的，而 acer 也源於 ace（王牌）的語根，代表著極優秀的人物。

（四）台灣啤酒：創建於 1945 年的台灣菸酒股份有限公司，

是台灣最大的釀酒公司。其所銷售的台灣啤酒，以 84% 的市占率稱霸台灣市場，是台灣最大的啤酒品牌，但是英文字體長期未能統一，對於開拓國外市場，恐會造成視覺上的混亂。

（五）Louis Vuitton：Louis Vuitton 榮獲法國 Eugénie 皇后指定為唯一的衣箱製作技師，然後就以其名字發展為該品牌的名稱。

品牌名稱應注意三項原則：

（一）合法：合法是指能夠在法律上得到保護，這是品牌命名的首要前提。再好的名字，如果不能註冊，就得不到法律保護，也無法真正擁有屬於自己的品牌。根據 2009 年經濟部智慧財產局新訂「商標識別性審查基準」，爾後企業若再要申請含有歷史人物、地名、標語、姓氏等詞的商標時，除了不能是商品說明文字，也要證明具有識別性，否則會被智慧財產局打回票。未來包括「唐太宗」、「莊子」等歷史人物，「花東」、「南陽街」等地名，「福氣啦」、「We are family」等標語，以及「曾記麻糬」、「周氏蝦捲」等姓氏商標，除非申請人能證明消費者已經非常熟悉該商標，否則都無法註冊。

在中國的大學院校轉投資辦的企業，常以「學校名加企業名」申請股票上市，中國的教育部已要求這些學校必須在 2009 年底前，摘除企業名稱中的學校名號，藉以防止學校與企業間發生利益輸送或自肥等弊端。如北京清華大學轉投資的「清華紫光」、「清華同方」兩家股票上市公司，已更改公司名稱為「紫方股份」與「同方股份」，將學校的名稱摘除。

（二）簡單易記：設計時應注意簡單、獨特性、容易記憶、

發音與產品品類一致，能反映出產品的利益、屬性、定位等原則。例如，礦泉水的娃哈哈品牌，設計時即以哈哈笑爲最基本的發音，元音「a」，讀起來順口，心情也有愉快感。再如，護膚商品及香水高級品的「ALBION」品牌，有古代英國之意，只要一想到古典英國，就會令人聯想到該品牌名稱，所以好記又易回憶。品牌名稱千萬不要太長，除非行銷品牌的技巧高明，或提供極特殊的商品、服務，否則會增添困擾。

（三）策略規劃：設計品牌「名字」、「符號」、「標記」時，

新商標識別性審查基準釋例			
項目	商標	核准與否	理由
姓氏	「鬍鬚張」	准	給人印象為長了大鬍子的張先生，脫離單純姓氏意象，具識別性。
	「黑面蔡」	准	給人印象為膚色黝黑的蔡姓人士，脫離單純姓氏意象，具識別性。
	「周氏泡菜」	駁	單純指姓氏，不具識別。
歷史人物	「唐太宗」	駁	書籍用，消費者容易以為書籍內容是唐太宗的故事或生平介紹。
地點	「玉山銀行」	准	台灣與東北亞最高山脈，與銀行服務沒關係，具識別性。
	「林鳳營」鮮奶	准	罕見地名，一般消費者不知其為地名，具識別性。
	「花東」稻米	駁	知名稻米生產地區，消費者會以為稻米商品是花東生產。
	「打狗」臘肉	駁	大眾熟知的高雄舊稱，消費者易以為是產地說明。
標語	「華碩品質，堅若磐石」	准	給人商品堅固品質的說明印象，華碩證明有取得後天識別性。
	「水是最好的藥」	駁	給消費者印象是宣傳喝水好處的廣告用語，不具識別性。

資料來源：商標識別性審查基準　　　　　　　　　　何蕙安／製表

一開始就要注意「國際化」，與「品牌家族」的不同考量及可行性。如果終極目標是要發展「國內品牌」，則考量以國內消費者為主；如果在發展品牌之初，就有進軍國際的規劃，則可以用英語為品牌名稱。同時也要注意世界各國、各地區消費者，其歷史文化、風俗習慣、價值觀念對「名字」、「符號」、「標記」，有不同的解讀差異。例如，孔雀在東方人心目中是美麗的，在法國則是淫婦的別稱；鬱金香是荷蘭的國花，但在法國人的眼裡，卻成了無情無義之物；斯里蘭卡、印度視大象為莊嚴的象徵，在歐洲人的詞彙，大象則是笨拙的同義詞；伊斯蘭教國家禁用豬及類似豬的圖案設計；狗在北非視作不法；阿拉伯人禁用六角星圖；意大利忌用蘭花圖；捷克人將紅三角圖案作為有毒的標誌；法國禁用黑桃，認為黑桃是死人的象徵。

此外也要避免同一品牌各地的差異看法，有可能出現在這個國家是非常美好的意思，但到了另一個國家，其含義卻大異其趣。例如，「藍天」牌皮箱出口到美國，其譯名「Blue Sky」卻成了「企業收不回來的債券」，試想：有誰會買這種皮箱！

除上述三者之外，一個好的品牌名稱，還應該有下列特色：（1）易於發音（對國內及國外消費者而言）；（2）易於辨認；（3）要簡短，不要太長；（4）具有獨特性；（5）可從名稱上顯示出產品性質及使用產品的利益；（6）有正面的聯想。

二、品牌符號與標幟設計（Logo Design）

品牌符號與標誌是品牌中不能以言語表達的部分，但卻可以透過文字、圖像、符號、標誌、商標，及平面立體等造型的設計，來傳達企業與消費者之間的溝通，即為品牌設計中的重要核心。

品牌是由多種有形及無形的特質構成，並以商標作為象徵，本質作用在於區別商品的來源或服務的提供者。有效的品牌管理，可令企業增值及擴大市場影響力。

　　商標象徵企業精神、品牌、品質、信用、規模等特質，更具備與其他同性質企業品牌的區隔作用。商標設計的元素，最主要的是以主題中的名稱、名稱字首、名稱與字首組合、名稱或字首與圖案組合、名稱含意、經營理念、產品造型、經營內容、傳統歷史、地理環境等多種綜合的題材，做為分析思考設計的方向。視覺符號會將企業的理念、經營的內容、產品等要素傳達給消費者。

【例一】繡著鱷魚標誌 Polo 衫的創辦人 René Lacoste，是曾贏得法國和英國公開賽的網球高手，其標誌「鱷魚」則來自 Lacoste 先生網球場上的綽號。

【例二】宏碁自 1978 年創業時，所採取的「Matek」、到 1981 年跟上 286 風潮的「Multitech」，及至 1987 年的「acer」，宏碁 3 度更名，總計換過 4 個 Logo。這 4 個商標象徵，都有其不同意義。

　　（一）顏色：色彩是有力量的情感象徵，是視覺記憶中排名第一的要素，具有直覺能量，可將企業的意志與思維傳達給消費者。色彩所具有的印象、意義，對消費者的生活、心理、感覺，造成密切的影響。設計師應以此心理為基礎前提，來提高品牌在消費者心中的記憶與品牌辨識。色彩設計以簡單為主，盡量不要多種色彩混合，以免造成記憶模糊。以 2008 年全球品牌價值最高的前 10 名為例，其中商標以紅色為主的有 3 家，藍色 4 家，

表 3-1　2008 年全球最佳品牌排行榜

（百萬美金）

2008年 排行榜	2007年 排行榜	品牌	品牌來 源國	產業別	品牌 價值	品牌價 值改變
1	1	Coca-Cola	美國	Beverages	66,667	2%
2	3	IBM	美國	Computer Services	59,031	3%
3	2	Microsoft	美國	Computer Software	59,007	1%
4	4	GE	美國	Diversified	53,086	3%
5	5	NOKIA	芬蘭	Computer Electronics	35,942	7%
6	6	TOYOTA	日本	Automotive	34,050	6%
7	7	intel	美國	Computer Hardware	31,261	1%
8	8	M	美國	Restaurants	31,049	6%
9	9	Disney	美國	Media	29,251	0%
10	10	Google	美國	Internet Services	25,590	43%

資料來源：全球品牌顧問公司 Interbrand，公佈「2008 年全球品牌」報告）

黑色 2 家，黃色 1 家，彩色 1 家（如表 3-1），其中彩色的商標僅有一家。

　　品牌色彩的視覺效果，能營造較高的品牌價值。色彩雖是無聲語言，但它的能量能改變人的心情，比如紅、黃、橘色這種比較暖色系的顏色，凸顯溫暖，通常會讓人心情比較好。例如，藍色代表沉著、崇高、清淨；深藍色讓人感覺認真執著、重視信用、尊重禮儀、智慧較高；黑色、棕色高質感；潔白是純真；紅色屬於個性較強的顏色，代表熱情、性感、高貴、海派、活潑；五彩繽紛代表永遠年輕，有活力、有創造力。要熱鬧打入人群，

黃色、紅色就是最好的選擇。根據杜邦 2008 汽車色彩流行報告，全球化趨勢下，全球對顏色的偏好，越來越一致化，象徵「潔淨」的白色，成爲全球最暢銷的汽車顏色，取代車主對銀色連續 7 年的熱愛。

7-ELEVEN 商標的顏色各有代表意涵，紅色象徵親切，綠色是優良，橙色則是豐富；麥當勞的黃色商標傳達歡樂氣氛；蘋果電腦從彩色蘋果 Logo 轉變成黑白配；運動品牌 NIKE 也是以黑色爲主，就是爲了呈現設計感和質感；國內著名的奇華餅家的門市，主要由紅、銀、白色交錯作爲裝潢主調，紅色意味喜氣，具有濃厚的中國味，白色象徵潔白、清爽，較接近西方印象，三種顏色交錯，表現出中西文化融合的特色，兼具傳統、新潮，更容易親近消費者。

（二）商標設計技術：商標設計可能涉及到文字編排與規劃、文字造型技術、基本攝影技術、視覺幻象技術（圖地反轉、群化圖形、錯視圖形、矛盾圖形、旋轉錯視等）等。在運用這些技術原則時，必須要重視設計美學。

（三）商標設計案例：彪馬（Puma）運動鞋品牌，採用「美洲豹」作爲品牌 Logo（美洲豹代表速度及優越感）。「捷安特」橢圓標誌的動感 G 字造型，象徵生生不息的運轉活力。

三、品牌人物

品牌人物是品牌建設中的一環，幾乎每一個成功的品牌都會有一個靈魂人物，企業有了品牌人物，而此品牌人物又爲社會普遍接受，這就有助於企業推動品牌。爲品牌設計一個靈魂人物，

是一種高明的傳播策略，因爲靈魂人物能使品牌有更多的宣傳機會，比如新聞報導、人物傳記、人物專訪等等。媒體爲了提高發行量、收視（聽）率，會千方百計找這些人物來報導。品牌靈魂人物設計策略主要有：製造新聞、公眾演講、參與各類評選成爲行業領袖、出書等。如果品牌人物具有誠信等社會推崇的企業家風範特質，對於品牌的推動，自然有正面加分的作用。

品牌人物可以設計爲「實」的，也可以設計成「虛」的，可以是董事長，也可以是對社會有重大貢獻的員工，就像 Chanel 後來的設計師卡爾‧拉格菲爾德（Karl Lagerfeld），由於具有源源不斷的新創意，每一季都會推出精彩絕倫的新作，所以備受國際社會矚目。

品牌人物也可以是品牌企業的領導人，例如，台積電董事長張忠謀先生、鴻海的郭台銘先生、台塑已故的王永慶先生，微軟的比爾‧蓋茲、海爾的張瑞敏、大陸聯想的柳傳志、春蘭的陶建幸等，由於這些人物的重要性，以至於一想起品牌就會想起他們，以上家喻戶曉的都是「實」的品牌人物代表；品牌人物也可以是「虛」的代表，例如，往昔的阿三哥與大嬸婆，或近日代表台灣人壽的卡通代言人「台灣阿龍」等。台灣卡通人物角色行銷的發展，有其歷史性，從早期身著披風，頭戴墨西哥草帽，腳套大鞋，露出兩顆大門牙的「乖乖」，戴著大帽、大嘴微笑的王子麵，手持橄欖球、頭好壯壯的大同寶寶，到近年來凱蒂貓、QOO、皮卡丘、小叮噹等，都是成功的代表。

四、品牌口號或標語（Slogan, Mantra）

口號或標語能夠凸顯品牌的特徵，強化品牌形象。華碩以

「華碩品質，堅若磐石」口號，來行銷品牌，成功地將原本的製造優勢，轉化爲品牌優勢。在設計品牌口號或標語時，要短、要簡單、要清楚，一聽就懂，而且易記易說！例如，京都念慈安的「天然的最好！」；保利達 B「福氣啦！」；台啤「青的最好！」；中國信託的「We are family!」（我們都是一家人）；媚登峰的「Trust me, you can make it」（相信我，你可以做得到）；NOKIA「科技始終來自於人性」；阿瘦皮鞋的「You A.S.O Beautiful」。假若標語長一點，就可以用押韻的方式，如品客洋芋片「品客一口口，片刻不離手」的宣傳語。類似大陸的順口溜，讓人人都能夠琅琅上口，如此就能凸顯品牌的特徵，強化品牌的形象，讓品牌深入消費者的心中。

五、品牌短歌（Jingle）

運用心理學的制約反應，製作品牌短歌；透過品牌廣告，使歌曲深入人心，加深社會記憶與偏好，最好能讓歌曲紅遍大街小巷，家喻戶曉，以達到即使未看到品牌，只要想起歌，就能想起品牌的優點特色。在設計時，歌的設計重點，在於「短」、「重複」。例如，開喜烏龍茶的品牌短歌，「開開喜喜，開開喜喜，開喜龍茶。一喝就開開喜喜，百分之百台灣茶葉」；大同公司的廣告歌「大同、大同國貨好，大同產品最可靠。」；「小美冰淇淋、小美冰淇淋……」；民國 53 年新萬仁化學製藥公司，推出綠油精「綠油精、綠油精、爸爸愛用綠油精…」；阿瘦皮鞋的「You are so beautiful」，都讓人印象深刻。國內具歷史的品牌企業，大都有品牌短歌，而且短歌還可以使品牌年輕化。例如，黑松品牌把張雨生的「我的未來不是夢」當成廣告歌，成功年輕化黑松飲

料公司。設計短歌之後，應該將聲音商標註冊，以取得法律的保護權。

第四節　品牌故事

很多人認為只要有品牌，就可以在市場大賣，其實這是過時的觀念！尤其在全球需求疲弱的狀況下，品牌若能有眞實感人的故事，就會賦予品牌生命，就可能打動消費者的心，而使品牌長久。

人們所購買的，往往不只是商品，而是一種他們嚮往的生活方式。故事屬文化的、抽象性的認同與嚮往，具有深度的消費吸引力。透過這種心理機能所引發的「附加功能」的效用，是新一代設計團隊應注意的重要課題。在 2008 年 11 月 18 日，MIT Media Lab 總監 Frank Moss，與前任派拉蒙電影公司董事長 David Kirkpatrick，合作成立「未來說故事中心」（Center for Future Storytelling）。品牌若能多用一些故事行銷，就可以在廣告上省一點力！

事實上，不論哪一種品牌事業，在建立的過程中，一定會有屬於自己的故事和感動，因此都適合用故事來行銷自己的品牌，重點是要挖掘、整理並傳遞動人的故事。品牌故事是整體品牌建構的一環，絕對不能割裂開來！爲什麼要品牌故事？如果只是爲了故事而故事，實在難以呈現出品牌絕無僅有、無法被模仿的獨特性格，又怎能吸引消費者的注意呢？所以品牌故事必然要凸顯品牌的特色、特質（讓消費者認識品牌），而此特色與特質，又必須能扣住消費者的心弦，激起消費者共鳴（認同品牌）。故此，

品牌故事等於是在品牌上畫龍點睛，讓整個品牌活絡起來！爲此，品牌故事要有想像力，讓消費者對企業的觀點、立場與意識型態，感興趣、甚至感動，因爲故事是說給消費者聽的，當然這也能對員工產生激勵的效果，以維護品牌的形象。

品牌故事有三大重點，一是情節、二是人物角色、三是美學。有情節才有高潮，其中人物角色是行動的主角，美學則是修辭方式，將文字、影像、聲音、圖片等加以組合，形成故事風格。企業將品牌特色融入故事中，讓消費者一方面認識這個品牌，一方面又加深印象！例如，這個品牌一開始創業過程，是如何地艱辛，創辦人又是如何堅持，最後如何讓品牌誕生等正面價值。企業設計團隊不妨投入大量時間，回溯自己的歷史，找出投入這個行業的初衷、熱情何在？如何傳達給顧客？但絕對不可以吹噓，在講故事的時候，也絕對不能是杜撰的，否則違背品牌誠實、誠信的基本要求，同時也違反了企業倫理，有百害而不見得有利可圖。

企業的品牌故事，無論是國外著名品牌奇異（GE，發明電燈的愛迪生家族創立）、吉列（Gillette，發明刮鬍刀片）與 IBM（發明主機電腦）、微軟（發明 PC 操作軟體），還是國內桂冠、義美、味全、中華電信、統一企業、三陽、光陽、和成、資生堂、維他露等，背後都有段令人感動的品牌故事。略述如下：

（一）LV：這堪稱是名牌奢華的領導者，一舉一動都左右時尚風潮。創立該品牌的設計人原是捆工學徒（Louis Vuitton），他專門替貴族王室，捆紮運送長途旅行的行李。後來他發明一種方便疊放的長方、防水皮箱。雖經歷鐵達尼號的沉船意外，但撈起

來之後，居然滴水未進，其耐用程度，頓時舉世聞名。

（二）香奈兒（Chanel）：香奈兒女士早年在孤兒院成長，歷經過人世間的坎坷。1910 年有人送她 "Coco" 的綽號，後來就以此作爲她創立公司的品牌重要識別。Coco 香奈兒女士自西敏公爵的衣櫃中，發現「男裝女穿」也很有特色，因而發展出香奈兒（Chanel）甜美、優雅的品牌設計風格。

（三）Celine：以法式優雅融合美式休閒，樹立風格的 Celine 品牌，其成功看準二次大戰後的嬰兒潮商機，因此從 1945 年開始，發展舒適獨特的高級童鞋，因爲熱賣而逐漸擴展產品線，最後發展成爲服裝品牌的時尚先驅。

（四）GUCCI：1898 年，一位叫 Guccio Gucci 的熱血青年，從義大利前往英國倫敦，去實現自己的理想。他在倫敦的一家旅館，找到一份工作。在這段時間裡，由於接觸許多社會菁英名流，因此，培養出高尚的品味。後來回到家鄉後，開始將時尚風格，結合在皮件的製品上。累代的經營，時至今日已發展成全球家飾品、寵物用品、絲巾、領帶、女裝甚至手錶的時尚領導者。

（五）HERMÈS：貴婦最夢幻頂級的愛馬仕 HERMÈS 包包，該品牌創立於 160 多年前，當時 Thierry HERMÈS 開創馬具製造公司，深受皇宮貴族的喜愛，後來因流行汽車而不太需要馬車，因此愛馬仕從馬具改作皮件，並將商品延伸到各種提袋、手套、皮帶、珠寶、筆記本，以及手錶、煙灰缸、絲巾等，成功建立了愛馬仕集團王國。在 2008 年全球金融風暴時，該品牌仍逆勢成長 8.6%（總營業額超過 750 億元台幣），其中愛馬仕的柏金包、凱莉包，價格相當於一輛車子。

（六）洋芋片：1853 年，一位名叫 George Crum 的廚師，因

屢被食客抱怨馬鈴薯切得太厚，一氣之下，將它切得很薄很薄。烤過之後，馬鈴薯不再是軟軟的，反而變得又香又脆，大受顧客歡迎；美國零食之王「洋芋片」，就這樣誕生了。

（七）Puma：Adolph 和 Rudolph 兩兄弟在 1924 年，秉持著對運動時尚的熱忱，在德國巴伐利亞家鄉的 Herzogenaurach 小鎮，開設愛迪達（Adidas）鞋廠。1948 年兩兄弟因經營理念不合，愛迪達由弟弟接手，哥哥（Rudolph）另開設了彪馬（Puma）運動鞋品牌。Puma 一路走來，曾因一度經營不善而瀕臨破產邊緣，幸好最後起死回生。

（八）丹尼斯百貨：河南丹尼斯百貨董事長王任生，1948 年隨人潮穿越國共交戰的淮海戰區，倉促離開大陸！為了彌補遺憾，後來回家鄉投資，卻開創了河南最大的連鎖百貨公司，其中單是名牌化妝品專櫃就有 30 個。然而就在生意蒸蒸日上之際，2000 年 12 月 25 日丹尼斯洛陽店裝潢工人，不慎引燃火苗，造成 4 樓無照營業舞廳 309 人的死亡。慘案發生後，他沒有逃亡，反而強調要負責任，甚至傾家蕩產也要賠！該公司度過危機之後，目前已是擁有 4 家商場、16 家大賣場、20 多家便利店的大百貨集團。

品牌故事凸顯的若干精神與細節，會隨時間不斷改變，故事情景也會消失，不過所凸顯的精神與細節會仍被記住。所以在整理歸納品牌故事時，不要太複雜，重點在於凸顯品牌精神的細節。品牌的故事、理念，可以幫助通路，在介紹闡述商品的過程中，有更多的切入點來帶出產品的專業、功能及品質。但是國內品牌的故事，常常還是停留在新聞稿介紹的方式。為彌補此缺

點，在撰寫品牌故事時，可以從以下六種方向來發揮，（1）所在地域或國家特質，對品牌創立的影響；（2）創業歷史；（3）品牌經營理念；（4）品牌意義延伸；（5）社會文化風潮；（6）企業在困境中的抉擇（所堅持的價值）。

企業所做的每件事，都必須是這個故事的實踐，而不是故事歸故事，企業經營歸經營，兩者毫不相干或相互割裂開來。事實上，任何一個品牌的崛起，背後都有一段從無到有、充滿曲折的奮鬥過程，透過各品牌的創業故事，可以更深入該品牌的市場定位、市場區隔、歷史背景、發展沿革、品牌特色……，甚至了解這個企業的興盛起源，以及企業如何經營一個（甚至多個）品牌的過程。由此可見，品牌故事也扮演著溝通的重要工具。

📖 第五節　消費者體驗設計

現代消費者非常重視在體驗中所獲得的價值感受，因此各行各業的頂尖品牌企業，都將發現未來的競爭戰略就在「體驗」。只有創造出難忘的體驗價值，才能為企業帶來更永續的商機。隨著體驗經濟的興起，與消費型態的轉變，消費的象徵意義，已從滿足最基本的使用需求，演變成消費者追求自我風格的認同，與生活價值的體現。

一、消費者體驗的意義

體驗就是企業以服務為舞臺，設計出環繞著消費者，創造出值得消費者回憶的活動。這種活動是以視覺、聽覺、嗅覺、味覺與觸覺五種感官為訴求，創造出知覺體驗的感覺，引發顧客動機，增加產品價值。

二、消費者體驗是競爭力關鍵

品牌要具有競爭力，就必須關心消費者體驗，仔細探索每一個可能存在的顧客接觸點，在每個「接觸」的關鍵時刻，呈現最佳的服務品質，並超越消費者的期望，造成物超所值！因此要抓住兩個重點：（一）消費者預期什麼？（二）品牌和消費者的每個接觸點，是否都傳遞一致的訊息？

三、消費者體驗與期望的關連性

讓消費者敗興而歸，是失敗的體驗設計。

消費者體驗＞消費者期望→驚艷、驚喜→消費者滿意度高

消費者體驗＜消費者期望→沮喪、感覺受騙→消費者滿意度低

四、體驗的類別

（一）感官體驗：感官體驗最主要的目的是，創造人們的五感體驗，刺激購買動機。根據日本的一項研究指出，人類感官知覺中，87% 是由視覺系統所接收，其次為聽覺 7%、觸覺 3%、嗅覺 2% 與味覺 1%。因此身體的感官知覺，會因為週遭環境不同，而產生不同的訊息，而且大腦會將所接收到的訊息，轉換為反應與結果。

（二）情感體驗：情感體驗最主要的目的是，強調消費者在體驗過程中，內在真實的情感與情緒。因此設計這種體驗的重點，是如何觸動消費者，創造情感上的深刻感受。

（三）思考體驗：這是用創意的方式，使消費者驚奇，以誘發並刺激消費者，必須透過思考，才能體會品牌的精神。因此必須先了解到，參與此體驗的消費者，其知識結構及情感興趣，主

要是落在那個區塊，然後再結合文字、聲音、語言等創意，去刺激消費者的感受，進而對商品產生不一樣的體驗。

（四）行動體驗：透過對品牌實際直接的接觸，所產生的感受。實質身體體驗，包括互動、生活形態、非語文行為、自我認知、行為修正及合理的行動，致力為顧客創造驚喜。

（五）關聯體驗：是讓個體在體驗後，能深刻地將品牌與社會產生關聯。設計這種體驗的重點，是讓消費者體驗到這個品牌，不只對消費者有意義，而且對整個社會國家都有貢獻。

五、消費者的體驗，要如何設計？

Pine & Gilmore 在《體驗經濟》（*The Experience Economy*）一書中，認為企業應經常思考能對顧客提供什麼特殊的體驗，而設計出吸引人的體驗活動。體驗設計的步驟，可歸納為下列五項：

（一）訂定主題：體驗如果沒有主題，遊客就抓不到主軸，很難產生整合體驗感受，也就無法留下長久的記憶。主題要非常簡單、吸引人，要能夠帶動所有設計與活動的概念。

（二）塑造印象：主題只是基礎，農場還要塑造印象，才能創造體驗。塑造印象要靠正面的線索，每個線索都須經過調和，而與主題一致。遊客不同的印象，形成不同的體驗。

（三）去除負面線索：由於所有的線索，都應該設計得與主題一致，所以其他與主體相牴觸，或是造成干擾的資訊，都要祛除，以免減損遊客的體驗。

（四）配合加入紀念品：紀念品的價格，與它具有回憶體驗的價值相關，而其價格超過實物的價值。紀念品讓回憶跟著消費

者走，能喚醒消費者的體驗。

（五）動員五種感官刺激：感官刺激（視覺、聽覺、嗅覺、味覺、觸覺）應該支持並增強主題，所涉及的感官刺激愈多，設計的體驗就愈容易成功。

六、流行的品牌體驗

娛樂體驗、教育體驗、超越體驗、美學體驗等四種。

（一）娛樂體驗：娛樂體驗指的是，品牌企業主動提供給消費者感官的訊息，體驗方式如，觀賞花海、特殊魔術、技藝、動物表演等。以民宿來說，所提供的娛樂體驗，包括遊客參與採摘當地的農作物、品嚐當地的特色餐、參加當地傳統農村休閒活動（捉泥鰍、焢土窯等）。

（二）教育體驗：教育體驗是結合教育與娛樂的體驗，例如白蘭氏雞精工場參觀、製程參觀訪問、專訪品牌領導人等，以獲取知識技術為目的的體驗方式。以民宿來說，如生態解說、農產品加工製作，及教育農園之農業經營知識等，以滿足個人求知欲望並增廣見聞，且能寓教於樂。

（三）超越體驗：例如主題公園、虛擬太空遊戲、扮演童話故事人物，讓消費者以更主動的方式參與、融入情境，甚至成為體驗活動中的成員。

（四）美學體驗：這是以觀賞日出景緻，及季節變幻無窮的雲海、山嵐等景象為主，參觀藝術創作為輔的體驗。例如面對美國大峽谷、台灣阿里山，產生特殊感覺。以民宿來說，則可提供遊客參與觀賞當地農村日出與夜景，參觀當地的四合院或舊建築，融入人文建築的活動以及欣賞農村作物景觀。

七、經驗成功的關鍵

　　成功的品牌，能創造超出消費者預期的體驗，達到刺激消費的目的；此外，時時確認和消費者接觸的每個時刻，是否維持一致性，讓消費者感覺到品牌是真實的，從而產生品牌忠誠。因此，體驗要成功，就必須整合企業價值鏈上，每個功能及涉及的員工與組織，從而讓每個功能、員工、組織，都能為顧客共創價值。

八、品牌體驗的關鍵變數

　　驚奇性（Surprise）、參與度（Participation）、沉浸感（Immersion）、體驗態度（Experiential Attitude）、情緒體驗（Emotional Experience）、體驗滿意度（Experiential Satisfaction）、體驗後忠誠意圖（Loyalty Intentions）、重購意圖（Repurchase Intention）及推薦意圖（Recommend Intention）。

第六節　品牌網站設計

　　網站是企業的網路門面，是塑造品牌獨特性的有效途徑。具魅力的企業形象網站設計，不僅能展現企業內涵，更能成為提高銷售業績的致勝關鍵。對品牌來說，網站具有天涯若比鄰的效果，能進行全球消費者串聯。因此，現今的網頁外觀，除了要能吸引人外，版面的閱讀舒適性高不高、配色對不對、能不能引起瀏覽者的共鳴，都是設計師必須面對的問題。

　　在電子商務網路的虛擬世界中，人潮是創造錢潮的必備條件。設計品牌網站，除了重視聲光效果之外，更應該注意設計此企業網站的專業水準、網站的推廣方式，和推廣力強弱。所以有沒有專屬自己的品牌網站，對於大部分企業來說，關係到消費者

回饋資訊，以及訂單的取得。

一、建立網站

建立網站前，應明確了解網站的目的、功能、規模、類型、投入的費用，並進行必要的市場分析。就總體網站、網頁的設計，也要注意到五項關鍵指標：搜索度、吸引度、可看度、績效度，以及永續度。

以下是建立網站，所必須遵循的原則。

（一）有效編排與導引：美觀的視覺享受，與創意的設計概念，是網站必備的設計指標。從平面設計、網站設計、系統建置、多媒體設計，到介面設計、導覽設計、互動設計、資訊架構（某種程度的分類學）、命名設計、網路行銷，都需要精心有效的設計與編排，才能讓人很順暢地瀏覽網站。至少不能出現負面的問題，譬如網站瀏覽速度過慢，或在網站中迷路，網站死路（孤兒網頁），或是讓使用者不了解目前所在的位置。

（二）無障礙特色：無障礙網站主要的特色，就是必須考慮到身障人士（如視障）的使用。因此在網頁上，除了一般的螢幕顯示外，可能還要考慮語音顯示、特殊顯示等。

（三）豐富而正確的內容：華美的網站，能讓顧客留下好印象；酷炫的動畫效果，能夠吸引顧客的目光。但是一個好的網站，不能僅靠這些，若沒有充足的網頁內容或有用資訊，仍然很難留住人潮，讓顧客回籠，更別說提升品牌印象了。所以網站不論傳達何種訊息內容，最基本的要求，就是要正確、豐富。

（四）精緻圖片：插圖常有輔佐文字，與美化版面的效果。因此，如何讓網頁達到傳達訊息的功能，使用有趣或吸引人的圖

片，是優質網站必備的條件之一。

（五）內容即時更新：要隨時更新內容，並在標題旁以文字稍加註明，以提醒讀者。

二、經營網站

經營品牌專業網站，必須特別注意四項要素。

（一）網站定位：網站必須定位明確，才能根據這個戰略目標出發，進行網站架構，內容設計、風格設計、營運和市場策劃。這樣也才能為不同客群的需求，提供最大的滿足。

（二）設計上網最佳入口：與傳統媒體（如電視、廣播、報章雜誌）相比，品牌專業網站最大的優勢，就在於資訊提供的即時性、交互性。如果品牌企業的所有用戶（包括潛在用戶），想找相關專業訊息時，都可以透過搜尋引擎找到本品牌，這對於企業必然有加分的作用。所以增加專業資訊的收錄數量，甚至在鍵入重要關鍵詞時，都能夠排在搜索的前幾名至關重要；收錄數愈多，網站的長尾效應愈好！

（三）強化網站功能：企業應該把所有的創意，都發揮在後台系統，網站前台呈現的頁面簡單，用戶操作一目瞭然，也就是以最簡單的方式，來開發並提供一些最複雜的功能，以吸引消費者！以琉園（tittot）為例，在進駐台北 101 大樓後，為了與顧客有更細膩的互動，琉園主動調整網站，為顧客開闢專區，過去由各部門分頭進行的顧客互動，改由一個單位專責管理。如果網站設計的功能不周密，即使把人潮導入網站，也只會讓高期望的消費者，在體驗後造成反效果。所以不管商業模式是 B2B 或者 B2C，應該都要建立網站會員功能、電子報功能、討論區、網站

分析的機制、購物車機制，以緊抓用戶的需求，留住他們的「眼球」，滿足用戶體驗。

（四）建構網站知名度

網站是否具有知名度，會影響品牌專業網站的運作績效。有一個指標可以看出網站知名度，就是如果「被友站連結數」的程度愈高，則表示本站知名度與需求度也愈高。知名度對於未來品牌的宣傳與推廣，將扮演推手的角色。同時，也可以此作為競爭對手的比較，所謂「知己知彼、百戰不殆！」設競爭對手有高達二十多個友站介紹，並連結到該網站，而本企業的品牌網站卻一個也沒有，就知道還有一段努力的空間。

網站有內容、有特色、有定位，自然就有它特有的社群。而社群的經營，以及後續的網站的營運及維護，這些都是品牌網站所不能輕忽的議題。

4

行銷品牌

▓第一節　行銷品牌概論

在不景氣的時候，沒有知名度的品牌，往往無法吸引消費者的關注，所以行銷品牌極為重要。也因此，成功的品牌，除了要有卓越的創意設計之外，同時也需要行銷策略來搭配。比起財務調度、生產作業、人力資源等功能，行銷更注重消費者、競爭者的外部導向。行銷的成敗，策略儘管重要，但相關資源（資金、人才）也攸關品牌存活。

目前行銷的方式種類繁多，例如，魅力行銷、活動行銷、網站行銷、服務行銷、體驗行銷、創意行銷、代言人行銷、移動行銷、運動競賽行銷、公益行銷、關懷行銷、科技行銷、活動行銷、藝術行銷、時尚行銷等。上述所指各類行銷，是指行銷的方法。例如，代言人行銷，是指透過代言人的方式，達到行銷企業或商品（服務）的目的；又如創意行銷，是指以創意的方式，達到行銷企業或商品（服務）的目的。

本章用的是行銷品牌，此處的行銷是動詞，用來表達手段；品牌是名詞，用來表達行銷的真正目的。也就是運用行銷的策略與手段，達到推廣品牌的目的，如此才能引導全面的品牌經營。換言之，行銷的手段，與各種工具的搭配，需要以品牌的承諾、品牌的核心精神為主軸，才不會行銷歸行銷，品牌歸品牌。例如，王品集團的品牌承諾是「只款待心中最重要的人」，其所衍生的行銷手段，就是在主要節日，為客人留下珍藏照的行銷活動；陶板屋訴求人文饗宴，而有「知書答禮」一人一書的公益行銷等。

行銷品牌是企業與外界溝通的方式，從國際大企業的品牌發

展史來看，已經被廣泛用於行銷活動，例如：廣告、促銷、人員推廣、贊助活動等。在整體行銷規劃上，不同品牌有不同的發展方向，但大致來說，通常是由內而外，以短、中、長程來經營。短中期以穩定品牌知名度，打造品牌價值，深耕本土，站穩腳步，中長程則由本土出發，朝國際性品牌的目標發展。事實上，行銷品牌的策略因勢而變，可包括：「品牌發展策略」、「品牌維持策略」（包括品牌防禦策略）、「品牌延伸策略」、「品牌修補策略」及「品牌重新定位策略」。

　　這些策略的目標，基本上就短期而言，應以「品牌態度」、「品牌知名度」為最核心。就中期目標而言，行銷品牌應注重「品牌認同」與「品牌支持」的目標。就長期目標而論，行銷品牌應側重「品牌權益」的建立。除此之外，其他目標還可包括有「品牌形象」、「品牌信賴度」與「獨特品牌」等。

　　以下各節所提的行銷方式，並不代表一個企業只能選擇一種行銷模式，其實可以多種搭配，例如創新行銷、通路行銷、異業行銷、價格行銷、創意行銷、服務行銷等，甚至還有新創的行銷模式。最後從中決定最佳的行銷傳播工具，以達成行銷品牌的目標，其關鍵在於哪種組合最能夠協助品牌達成市場傳播的目的。

第二節　　媒體行銷

　　媒體行銷是手段，品牌推廣是目的。媒體行銷方式主要考量的是，哪一種媒體平台所造成的品牌滲透力與影響力最大。其基本的參考指標，像收視率、收聽率或是網頁點選率等，都可以作為參考。媒體行銷會替品牌帶來有形效益與無形效益。有形效益

能增加獲利、提高市占率；無形效益則會使企業形象、品牌知名度、社會口碑與認同增加；有助於產品的銷售與無形服務的推廣。

以下舉出常見的媒體行銷，包括下述九種方式：

一、報紙雜誌

運用媒體進行品牌專業的深度認識，其具體作法包括：向媒體投稿或投書、專題專欄、座談或專訪，在國際媒體、專業報章雜誌登廣告等。若能定期集合不同素材及主題，透過展覽、觀賞、演講，甚至是研討會的方式，經由報紙與雜誌的行銷管道，與消費者交流並產生共鳴，即可有效創造話題，以提升企業的品牌形象。有一個非常引人注目的例子，就是藉由專業雜誌認證來提高品牌形象。法國西南部沙倫特濱海省（Charente-Maritime）有個名為瑪漢納 - 歐雷虹（Marennes-Oléron）品牌的生蠔，在2009 年 2 月獲得歐洲保護地理標誌的品質標籤，這是第一次生蠔獲得歐洲的品質標籤，透過報紙雜誌的公佈，將有利於品牌發展和商業利益。

二、廣播

廣播和平面媒體，是五十年來台灣主要的行銷渠道。最常見的方式，都是演唱一段歌曲，或是講一段故事（廖添丁和紅龜）之後，插入品牌的推薦廣告，阿瘦皮鞋早期也曾藉此管道來行銷。當然如果能透過參與廣播節目，接受廣播節目的採訪、參與 call-in 或 call-out 的談話性廣播節目，則更充分滲入品牌所帶來的益處。

三、電視

電視廣告是最快速、最容易擴展知名度的方式。這是因為電視在家庭生活中，已成為不可或缺的一環。特別是廣告曝光度高，與消費者接觸密集，其效果甚大，是各品牌兵家必爭之地！電視行銷的手法很多元，例如廣告、專訪，或購物台類似面對面的促銷等，都是行銷的手法。以廣告為例，「台灣阿龍」的電視廣告，就曾讓台灣人壽的名氣大增、保單大賣！

不過電視廣告成本極高，有線電視新聞時段廣告，10 秒為 NT$12,000 元，一般無線電視廣告的新聞時段，10 秒將近 NT$33,000 元。若能以專家或品牌人物身份出席，接受節目採訪、發表新聞評論；或參與 call-in 或 call-out 的談話性電視節目等，則是較省成本的行銷手法。

四、網路

因為寬頻的普及，加速了網路的成長，也改變了消費者的消費模式。目前網際網路的發展，已革命性地成為品牌經營的奇兵。網際網路不但具備了行銷的功能，也成為主要的銷售管道。不管任何產業，已經無法忽視網路所引爆的顧客勢力（Customer Power）的存在。所以品牌的推動，絕對不能忽略網站架設、網頁製作、電子報發行，運用留言板、討論區、聊天室，以進行網路社群經營、網路諮詢服務等方式。透過網路，可將品牌無遠弗屆地向網友進行專業知識分享與專業行銷。

五、專業書籍

在行銷的領域，很少是透過專業書籍來行銷，因為這樣的速度太慢！但是就長期來說，其功效也不容忽視！若能定期提供產

業或公司內部最新資訊,透過專家在書籍的發言與推薦,提供品牌知識的同時,對某品牌作更深入的介紹,藉以提升品牌的知名度,與消費者的認知,長久也會有助於於行銷。

六、行銷活動

行銷活動是因時、因地制宜。其基本內容大都會有相關的設計海報、傳單、廣告、參與媒體活動,或置入式行銷等,這些都有可能催化閱聽大眾的認識,進而達到專業行銷的效果。此外,在人潮出入頻繁的電梯張貼廣告,就有可能抓住大眾的目光,將等候電梯的無聊時間,化為廣告的黃金時段,進而拓展商機。

七、捷運媒體

捷運媒體的彈性及潛力極大,品牌可依據不同品牌的需求,發揮創意。若是消費主力市場在大台北或高雄地區,捷運媒體則適合長期建立及延續品牌認知,因為捷運媒體可以全年無休、一日 18 小時,讓品牌曝光,成為消費者生活的一部分。所以在捷運站或捷運車廂進行全面性的廣告,有助於在最快時間內造成轟動與討論,對於創造獨特的品牌形象及個性有極大的助益!

八、人潮處

行銷就是要給人看。人潮愈多,效益愈大。例如南北必經的高速公路、車站、機場、港口,都是人潮處。在人潮經過的廣場或大樓,租下高樓層的大樓牆面,設計品牌巨型看板,來進行戶外廣告。例如,NIKE 租下紐約時代廣場巨型電子廣告看板(內容不斷更新),看板上的球鞋,會在不同時間換上不同樣式。每到中午 12 點、下午 1 點、3 點和 5 點,球鞋都不一樣,路過行人

只要看到廣告上的產品,是自己喜愛的樣式,就可以立刻用手機,撥打免費電話號碼,當下用手機設計一雙專屬 NIKE 鞋,還可以變換鞋帶、顏色。隨後,消費者會收到一則手機簡訊,其中有一個手機桌布,讓你看看自己剛剛設計完的專屬 NIKE 鞋,到底搭配起來是什麼模樣。

九、策略聯盟

海暢實業有限公司所創的法藍瓷品牌,擅長藉由異業結盟創造市場雙贏,並由品牌與品牌的相互合作與拉抬,迅速擄獲媒體關注,得以最精簡的預算,獲得最大的媒體效益,快速提升品牌知名度、形象與市場銷售量。

既然媒體行銷具有此之效益,那麼媒體行銷涉及哪些項目呢?重要者如預算額度編列、媒體議價、專案規劃、新聞議題設計、異業聯盟、置入式行銷、新聞發稿、活動設計、活動贈品製作等。基本上,進行媒體行銷的企劃步驟是,先收集背景資料,進而訂定媒體目標,考量目標視聽眾,決定媒體策略,編製媒體預算,安排媒體排期,備案與具體實踐,每一個過程除了注意定位與預算之外,最後成果績效評估,一定要納入考量。

第三節 議題行銷

在資源有限的情況之下,「議題行銷」(Cause Marketing)可大大地幫助企業、個人、產品的能見度及記憶度。只要激盪出創意的點子,議題行銷是一個易於使用,也具有高附加價值的行銷方式。議題可以是重大新聞事件,或社會熱門話題,只要是與使

用者相關、會引起興趣的、即時的、有切身所需的,就是好議題。可能是特殊事件,也可能是常態性事件。其中有政治議題、消費議題、產業議題,行銷議題要與社會趨勢相結合,有時候是隨著社會趨勢,例如配合當地民俗節慶活動,推出主題式的產品或特別紀念文物;有時則是創造社會趨勢,畢竟行銷必須含有感動的要素,尤其社會脈動下所產生的元素,比較容易激起消費者的共鳴,進而形塑認同與實際消費的行為。議題的找尋與運用,就看企業的智慧。以下提出四點作為找尋議題與運用議題的方式。

一、攸關社會

符合大街小巷婦孺關心的議題,例如過年發消費券、發生禽流感疫情,或是國內失業率破 20%,造成社會恐慌等議題。以過年發消費券為例,企業此時若能針對消費券,以最快、最優惠的方式,提出品牌組合,自然會引來新聞報導。像義大利精品 Ferragamo 原價 30,600 元的小牛皮高跟鞋,用消費券購買則有 13,770 元的優惠價,等於 4.5 折。另外 98,000 元的小牛麂皮手工紮染提包,以消費券 44,100 元成交!

又如疫情出現時,品牌企業主動免費提供孤兒院口罩;社會吹起裁員潮,品牌企業不但不裁員,還大舉增員、大規模加薪,必然會引來愛心企業的新聞報導。又如,2008 年最後一天,各大媒體都出現令人突兀的新聞,就是陳致中探望遭羈押的父親陳水扁時,手裡還拿著一本《窮得只剩下錢》的書,當場被眼尖的媒體發現;由於書名和前第一家庭的現況不謀而合,再加上由陳致中親手送給陳水扁,新聞張力和戲劇效果十足,不但讓這件事成為當天最夯的新聞,也讓這本書一夕爆紅。

二、訊息接收容易

電視新聞或網路是個很容易能收到重要訊息的管道。像過午政府發消費券、利率大幅下跌、迪士尼樂園營收大減、冰島破產等，就是訊息接收容易的經濟議題。品牌的推出，則須與議題做結合運用。例如，2009 年的休學潮，在這樣的議題中，對本品牌（如果是大學），是不是可能推出幫助學生的安定就學方案，以避免學生在人生關鍵時期的失學。

三、激起興奮

通常激起興奮功能的議題，會造成社會普遍的愉悅感和成就感，像是情人節、過年等相關節日，或是我國世界奧運賽，拿到多少金牌；今年可以拿到多少退稅均屬之。例如，新竹縣有一家豆花店，只要成績是班上前三名，或是考到公立學校，到這位阿公的店裡消費，全都免費，以激勵學生向上。又如，7-ELEVEN就曾針對情人節的議題，在 10 多年前提出過情人節的提案，當時不僅在門市設置情人節的主題專案架，更從法國、荷蘭空運新鮮的鬱金香，因而成為流行話題。以奧運賽得獎為例，品牌企業也可以藉此議題來舉辦慶祝特賣會等。

四、新奇的感受或體驗

從商品或服務的層面，創造出新奇的感受或體驗，自然會造成媒體採訪的驅力，以及社會知的欲望。例如，以蝦冰蟹醬為例，2003 年 6 月 15 日創立蝦冰蟹醬，研發出創新的海鮮牛軋糖，並將海鮮做成新奇感受的冰品，這家「全台（也可能是全世界）首創的海鮮冰品專賣店」，引發媒體的爭相報導，近百家媒體訪問邀約不斷，也上遍國內各種美食綜藝、新聞節目，甚至連國外媒

體，如知名的「法新社」，也千里迢迢地前來採訪，Discovery 頻道更以此專題大幅報導。

社會出現關心的議題，此時品牌企業若能運用創意，提出具體的作為，則屬於最容易上新聞的時機。它對消費者在品牌形象的認同上具有正面加值的作用。

第四節　災難行銷

品牌不僅是商標（Trade Mark），更是一種信任標誌（Trust Mark）。荀子《榮辱》：「先義後利者榮，先利後義者辱；榮者常通，辱者常窮；通者常制人，窮者常制於人。」災難行銷絕對不是趁著颱風、地震、水災、瘟疫、車禍、火災（森林大火）的時機，來拉高品牌商品的價格，大發一筆橫財。這是破壞品牌最快速的方法，因為社會將永遠記得這個品牌是如何趁人之危！例如，九一一恐怖攻擊當天，在世貿大樓災害現場，進行搶救的救難人員，到鄰近的星巴克咖啡店要水喝，結果店員竟然要他們付錢。不出幾小時，這件事在網路上散播開來，成為全球人盡皆知的新聞。星巴克剎那間成了眾矢之的，它一直小心翼翼維護的品牌聲望，立刻黯淡無光，導致星巴克聲譽下滑、股票大跌！

災難行銷指的是在災難中，品牌企業如何凸顯其品牌價值、品牌理念，以及商品或服務本身的重要性。由於人類生命的脆弱，與不能還原性，所以比任何一種動物來的敏感，而且多數人都會盡可能地作出防禦與妥善的安排，此際，社會將對商品產生需要，尤其是可靠的品牌企業、品牌商品。但是不肖的企業，像 SARS 時期，藉著賣口罩、賣消毒洗手液大發橫財，其實是自毀

長城。災難發生之際,在迫不得已之下才向敲詐企業購買,一旦災難過去,這樣的企業並不易永續經營!反之,如果在災難的時候,能伸出援手,不利用此際敲詐,這將有助於品牌企業的永續生存,以下舉兩個例證,一個是社會發生危機,一個是自己發生危機,他們都是災難行銷的典範。

【例一】他人危機:2008 年 5 月 12 日的下午 2 點 28 分,位於中國四川省阿壩藏族羌族自治州汶川縣境內、四川成都西北偏西方 90 公里處,發生了 7.9 的大地震。5 月 14 日大潤發緊急向大陸各省營業據點調集 5000 萬現金,透過深圳發展銀行,匯到四川賑災指定帳戶,成為台灣第一家捐助四川大地震的企業。在此之前,「大潤發」這 3 個字,雖然在中國已經打拚了 10 年的時間,儘管在開設賣場的省分與城市,略有知名度,在中國廣大的社會,對於「大潤發」的品牌印象,仍是處於極陌生的階段。因為在量販店的領域裡,大陸民眾較為熟悉的品牌是沃爾瑪(Wal-Mart)及家樂福等。

不過在 2008 年 5 月的一場賑災之後,「大潤發」品牌知名度在大陸突然大幅地提升!於是中國社會出現了新的順口溜,就是「飲料要喝王老吉、購物請到大潤發」,並在大陸被社會大眾反覆傳誦著。所以除了民間團體對大潤發採購增加,政府單位的採購量也大幅地增加。

【例二】自己企業危機:2008 年 9 月,大陸石家莊三鹿集團嬰幼兒奶粉,查獲遭三聚氰胺污染,毒奶恐慌迅速蔓延到台灣,奶製品相關產業人人自危。金車集團決定主動送

　　驗，沒想到在其產品系列中，竟然有七項三合一咖啡，
及一項雞蓉玉米濃湯含三聚氰胺。雖然金車有機會隱瞞
中毒的事件，但該品牌企業堅持品牌價值、品牌理念，
除主動緊急召開記者會，公開道歉外，並協助消費者辦
理退貨。金車勇於負責的表現，贏得社會一致的喝采！
雖然賠上鉅額營收，卻大幅提升企業的品牌價值。同時，
在大約一個星期後，伯朗罐裝咖啡銷售便逐漸回升！

　　品牌企業在發展的過程中，可能會遇到危機或災難。有的公
司因此由盛轉衰、有的公司可能就此銷聲匿跡。當然也有因為能
堅持品牌理念的核心價值，一躍千里的成功例子。災難行銷決策
犯錯的空間很低，只要抓住「利他」的精神，千萬不要藉此「勒
索」、「敲詐」消費者。災難或危機過後，消費者一定會給予正面
的回饋與評價！

第五節　網路行銷

　　網路的興起，對中小企業而言，是品牌經營的利器，也是許
多品牌經營成功的原因。傳統的行銷是透過實體的行銷，以及大
眾傳播媒體的方式，來散播公司品牌的資訊源，這樣的方式，非
常耗時又耗工，讓公司的經營成本不斷地往上攀升！事實上，不
同成長階段的品牌，需要不同舞台的行銷模式。網路時代所構築
出來的網路行銷，就是利用電腦網路來行銷品牌。這種方式對於
品牌成長具備多種效果，包括成本低廉；全年無休的經營；突破
時空限制，跨國界經營；可減少銷售代表、節省開支；倉儲及通
路等成本。其所虛擬的網路戰場，近年來已成為品牌兵家競爭之

地。企業的經營如何複製到網路上，且繼續保有優勢，是品牌企業應該注意的焦點。

　　網際網路是目前企業拓展跨國商機的行銷工具。透過網際網路可以進行 B2B，甚至是 B2C 的交易，透過網路知識的累積，企業可以在網路上建立自己的品牌權益，像是亞馬遜網路書店的經營。老字號的實體商品也可在網路上延伸發展，像是國內的宏碁、華碩的公司網頁，新崛起的中小企業，都是透過網路傳遞來迅速建立自己品牌形象。

　　品牌可以創造業績銷售的實體績效，網路行銷卻是品牌價值延伸中的操盤手。品牌網站可定期提供產業、公司內部最新資訊、產品目錄，並藉由網路社群的討論激辯，將產品優點自然彰顯，如此既可增加品牌曝光度，又可透過消費者之間的資訊交流，達到免費廣告效果，增加消費者對品牌的信任感。

一、網路交易類型

　　基本上有四大類：

　　（一）線上交易：透過網路系統於線上直接交易與下單的行為，並利用線上查詢服務，或透過電子郵件的功能，做交易進行的確認。如線上拍賣的交易。

　　（二）線上服務：在網路上直接提供使用者服務，對於使用者所要求的資訊或技術，於網路上直接提供，進行遠端服務。如電子書或電腦軟體。

　　（三）線上購物：這是將傳統的郵購改為網路，在網頁上提供相關電子型錄與線上購物系統，讓消費者在訂購商品後，再透過不同的物流方式交貨。

（四）線上訂購：在線上提供消費性服務訂購，如訂高鐵票、火車票等。在了解上述交易類型後，才能針對不同的交易型態，提供不同的行銷方式，網路行銷活動才得以進行。

二、網路行銷法

客戶的忠誠度來自於認同度，認同度來自於品牌印象的感官認知，感官認知則可透過網路來認識。在實體 .com 公司，主要的網路行銷模式主要在於「行銷網路化」。例如，戴爾（Dell）電腦，即是從先前的電話行銷產業營運模式，轉變成網路行銷網路化。戴爾將產品銷售、諮詢功能建置於網站上，消費者便可直接透過網路互動，並減少電話行銷人力資源。事實上，網路行銷的方法包含了多種方式。例如，搜尋引擎行銷、顯示廣告行銷、電子信件行銷、會員行銷、互動式行銷、部落格行銷，與病毒式行銷。又如，NIKE 運用網路的方式，就是「聯網計畫」，找出年輕目標族群在網路上可能的出沒地點，做大規模的廣告。

三、建立網路品牌

由於網際網路的發達，消費者利用網路搜尋產品相關資料的機會大增，所以透過網路建立品牌是可能的，也是可行的。其途徑，如：依據網路特性，將品牌個性呈現於網頁設計上；依據品牌策略，選擇適當的網站，進行廣告宣傳或贊助；建構企業內部網站資料庫，將品牌行銷知識有效管理，包括相關規範與名詞解釋，並提供員工自我訓練的機會；提供往來的主力顧客，一個與企業雙向交流的網站；開闢使用者園地，利用網路公關主動發布企業訊息，並快速處理顧客抱怨問題，避免在網路上蔓延，而傷害品牌形象；透過電子郵件主動傳布與商品有關或有趣的訊息，

以吸引顧客主動拜訪網站。

四、網路運用

　　品牌價值來自於網路行銷的網狀建構，在網路中，通常需透過網路活動促銷，大量曝光在消費者的視線中，區隔出市場，進而建立公司專有的客戶資料庫，這就是網路時代的品牌價值來源。此外，目前各品牌企業都會在自己的網頁上，設置留言版或是客服信箱，例如知名網站 NOVA 電腦商場上的民意調查。

　　我們也可以利用搜索引擎來查詢品牌的潛在客戶。這種方式比較適用於生產資料、半成品、集團購買的產品等情形，對於一般消費品來說，效果可能不理想。例如，企業是生產發光二極管的，目標市場是光電行業的生產廠家，可以利用搜索引擎或分類目錄查詢，發光顯示類別的公司，根據各公司網站的簡述，將搜索結果進行簡單篩選，然後，逐一訪問潛在客戶的網站，利用網站上的信息，了解潛在客戶的企業規模、地理區域、產品結構、聯繫信息等相關資料。然後，根據具體的情況，採取相應方式，與潛在客戶取得聯繫。

第六節　　運動行銷

　　運動行銷是品牌整體行銷策略的一環，它必須遵循整合行銷的總體架構。在運動行銷的策略中，有的是配合國際性賽事活動，進行創意行銷，為自己的企業品牌造勢；也有的是明星代言、支持比賽，但對運動真正有熱誠的品牌企業，則是全面完整的規劃。以下將此四者說明如下。

一、造勢廣告

　　以世界足球賽為例，這是廣受全球喜好的運動比賽，所以若能得此機會，進行品牌造勢廣告，對於品牌知名度必然有重大幫助。而且足球場內的廣告權利具有排他性，也就是同一產品僅能有一家得廣告權，所以有了麥當勞，就不會再接受肯德基；有了廣達就不會有三星！此外，像世足賽第一次在亞洲舉辦比賽，分別在韓國與日本舉行，對亞洲地區而言具有特別不一樣的意義。擁有全世界最大球體建築的京華城，便與世足賽的贊助廠商萬事達卡合作，將京華城最有特色的球體建築，包裝成打破金氏世界紀錄的「全世界最大的足球」，以「世紀話題──全世界最大足球造型在京華城」作為號召，來邀請體育迷一起加入四年一度的足球盛會。結果替購物中心創造出十足的話題性與噱頭。

二、明星代言

　　宏碁以王建民為運動行銷的主題廣告，已經行之有年。NIKE 也善用家喻戶曉的運動員，例如，以麥可‧喬丹（Michael Jordan）、老虎‧伍茲（Tiger Woods）等頂尖運動員，來行銷產品。宏達電 HTC 在大中華區則是力邀五月天和王力宏代言，在全球則邀請《鋼鐵人》男主角小勞勃道尼代言拍廣告。

三、支持比賽

　　任何重要的國際比賽時，常有數十億民眾在觀看，其中商機甚大！若能抓住這個機會，會場的布置、工作人員的制服，甚至是參賽球員的球衣、球鞋，在觀眾目不轉睛地注目球員的一舉一動時，也注意到了他們身上的標誌。對於自己喜愛的球員所使用的商品，更容易產生移情作用！例如，2000 年雪梨奧運，韓國三

星躋身 PDA ，和無線通訊設備的贊助商，就爲三星全球化跨出一大步。

四、完整規劃

完整規劃指的不是單一項目，而是針對某一運動領域精心的思考與設計。例如，以巨大公司來說，就是這一方面的代表。巨大公司在 1986 年成立自由車隊，1989 年捐助兩千五百萬元，成立財團法人捷安特體育基金會，2000 年改組爲自行車新文化基金會，其總體規劃措施如下：

1. 贊助各項健康公益活動。

2. 設置體育獎學金、興建賽車場。

3. 每年配合政府積極規劃國際無車日活動，推廣騎乘自行車，促進產業發展。

4. 每年舉辦捷安特盃自由車賽，大力推廣自行車運動，帶動社會騎車風氣。

5. 巨大與其他九家企業更一同贊助《天下》雜誌出版的《三一九鄉向前行》四大本，讓更多人了解台灣三百一十九個鄉鎮市的地理、人文、風情與特產，融入生活。

6. 巨大提出外銷自行車「一車一元」計畫，透過簽證出口的方式，每台捐贈一元給協會作爲推展自行車運動基金。

7. 舉辦大型國際性比賽及單車活動：巨大曾在 2000 年舉辦兩岸萬人單車行。

📖 第七節　認證、參展、比賽

　　行銷品牌運用之妙，需仰賴各企業的行銷，與各部門的集體智慧。例如本節所指的認證、參展、比賽等，也是各大企業常用的方法。

一、認證

　　參加國際專業檢驗並爭取國際認證，以求產品符合國際標準。透過類似活動，可塑造出專業的品牌形象，因為若取得國際認證，則可舉辦新品發表會，同時能將得獎記錄刊登於會員刊物、DM 上，以增加品牌在國際上的知名度。若未能達到認證標準，則可針對檢驗結果加強修正，以求產品符合國際標準。透過類似活動，可塑造出專業的品牌形象。

二、參展

　　企業參與國際商品展覽，是提高品牌知名度最直接的方式，所以企業應積極參加國際性的展覽，並派遣專人出席介紹，以便將產品以最直接的方式，推向國際市場。例如，美國拉斯維加斯消費性電子產品大展（Consumer Electronics Show, CES），是全球關注電子消費產業趨勢產品最重要的地方。2009 年，asus 桌上型電腦、筆記型電腦，使華碩再度蟬連《管理雜誌》消費者心目中理想品牌的第一名。為推出次品牌 Eee PC，董事長施崇棠還親自領軍，參加全球最大 CES 消費電子大展，該次參展總計投入1,000 萬元的資金。

　　此外，浙江最早的老字號名店，創立於西元 713 年的寧波黃古林工藝品（到現在，超過 1,200 年），以及另一家起源於西元

861 年,專營茶葉的惠明茶葉公司(近 1,200 年歷史),為贏得台灣市場消費者的青睞,特別參加 2009 年中華老字號的台北精品展。

三、贊助比賽

藉由贊助比賽或參與比賽的方式,也能使企業的 Logo 或是商品的品牌達到正面的曝光效果。例如,參加各政府機關的評比,小巨人獎、創新研究獎、青年創業楷模等。現今許多的企業常利用贊助的方式來進行議題行銷,只是,這樣的行銷方式,必須考慮企業在財務上的運轉狀況是否正常。事實上,贊助活動可包含的範圍十分廣泛,從體育活動、公益活動,以至藝術文化活動,都是可以利用的機會。

大多數情況下,贊助比賽的最主要作用是創建或維持知名度,例如,透過比賽向現場觀眾(電視觀眾),以及那些在賽前,或賽後閱讀相關報導的讀者,展示了其品牌。當品牌知名度高時,若執行的贊助活動的屬性與品牌個性相關聯程度高,則可顯著提升消費者對品牌權益的整體評價;若執行贊助活動的屬性與品牌個性相關聯程度低,則無法顯著提升消費者,也會影響品牌權益的整體評價。

四、舉辦或參與活動

行銷品牌活動規劃中,最易吸引人的就是舉辦活動。台鹽為打響台鹽門市,故而推出「健康活力 GO」,保健品超值優惠活動,特選在 2009 年 3 月 20 日促銷活動開跑日,率領兩百名員工在台南科工區,大規模舉行健走活動,透過一步一腳印的實際行動,以彰顯保健品促銷,送活力 GO 計步器的健康訴求。

　　基本上，透過活動達到行銷的類型，可概分爲六大類：（1）體育活動；（2）節慶活動；（3）社會慈善；（4）藝術文化；（5）環境保護；（6）學術教育等。每年都可透過參與，或舉辦各式各樣的活動，均可說是最佳且低成本的行銷活動。例如，友華生技品牌「卡洛塔妮」羊奶粉，經常針對懷孕與新手媽媽，舉辦育兒教育和營養新知的講座與活動，以提高品牌曝光率、建立品牌的專業形象，藉由與消費者之間的互動，貼切地了解其想法，並迅速地反映市場需求。又如，大同醬油創新研發出「柳丁醬油」及「紅趜醬油」，並以這兩項新產品參與雲林縣伴手禮選拔，最後榮獲雲林縣十大伴手禮之一。

　　行銷品牌是需要創新的，不是呆板僵硬地照套一些既有的模式，這是不容易激起市場的注意的。品牌大戰打到最後，除了搶得高市占率，還要讓品牌駐進顧客心底，攻下「心占率」，才是好的行銷品牌戰略。例如，利用手機即時互動的特性，讓行銷創意更接近消費者；又如，由穿著品牌鮮明服裝的推廣人員，在街頭派發試用品。這樣的街頭創意，除了能快速建立起品牌的知名度，也讓消費者聯想到商品的特性，並進一步傳遞商品訊息給消費者，而建立起品牌形象，這是推廣新商品時，既快速又經濟的方法。又如，每年設計一些消費者喜歡的商品或人物，並創作故事情節，出版相關書籍，以加強與顧客的情感聯繫。或自行創作卡通人物，強化品牌特性，增加顧客忠誠度，促進消費者對企業品牌的了解，並增加品牌曝光度，這些都是可行的策略。

第八節　口碑行銷

　　影響消費者接納品牌的過程因素，主要有五個階段，（1）認知（Awareness）；（2）興趣（Interest）；（3）評估（Evaluation）；（4）試用（Trial）；（5）接納（Adoption）。在第三個階段的評估，口碑行銷扮演著關鍵角色。眾多的企業因為不了解品牌知名度所建立的基本規律，因此投入許多冤枉資金，最終消費者可能還是沒有記住品牌的名字。最主要的原因就是，欠缺口碑行銷。尤其當前景氣環境惡化，使廣告經費必須精打細算，但是又不願意輸掉市場的影響力，這就更加凸顯口碑行銷的重要性。

　　何謂口碑？口碑有三點特質：

1. 評論：對某特定產品或服務，在任何一段時間內，消費者所給予的評論。

2. 傳染性：社會對消費商品或服務後的情緒，具有相互傳染的功能。

3. 人際網絡：口碑的傳輸是透過人際資訊網絡，來表達對特定產品或服務的意見。至於口碑行銷，則是指利用具有影響力的專家或意見領袖，來為產品背書或推薦（意見領袖不一定是具有身分地位的人，有可能是家庭主婦或試用者等）。換個角度來說，消費者意見資訊與正負評論是會相互影響、相互加乘的，若能找到社會認同的菁英為其品牌背書，就能達到口碑行銷的目的。尤其此際大眾傳播的效果正逐漸喪失，消費者已經開始對過去「由上而下」溝通的方式，感到懷疑；對於水平傳播（同儕對同儕）的訊息，或是「由下而上」浮現的訊息，則反

　　應較佳！

　　口碑資本之所以重要、有效，是因一傳十、十傳百，可以促使交易活絡起來。網路又給口碑行銷增添新的動力，讓原來只是街頭鄰里互相走告的傳播力量，現在又因科技的因素，而更加地無限延伸。例如，《海角七號》的爆紅，就是口碑行銷成功的案例。2008 年 8 月中電影上映前，看過口碑場的觀眾，就已在各大網站的討論區發表心得；《海角七號》工作人員，也以文字、照片、影片等方式記錄拍攝過程，並在官方部落格與網友分享，甚至製作了各種主角的 MSN 表情、手機來電答鈴等，讓這部片透過網路，展現強大穿透力。

　　以下有三項理由，是企業必須重視口碑行銷的理由。

一、市場競爭

　　不論是哪一種產品，今日的顧客幾乎都比過去擁有更多的選擇，而面對這麼多選擇，很容易讓人感到困惑。如何做出正確的抉擇，口碑形成重要的因素。

二、重視品牌表現

　　幾乎所有人的時間都有限，所以消費者會主動掌握資訊搜尋。品牌企業若能創造優質的產品或服務，市場上就會有人願意替你發聲，表達他們對品牌的肯定與好感。這時候，當消費者開始想要針對產品或服務，查詢相關的資訊和他人經驗時，自然就會透過搜尋工具或是社群網絡搜尋關於品牌的商品服務的口碑。如果網路上先前的消費者已有不錯的口碑，對於品牌自然有正面的作用。

三、重視體驗

美國企業的廣告支出（一年兩千三百五十億美元），比墨西哥整個國家的 GDP 還高！但是，消費者卻愈來愈不注意廣告。目前的消費者，往往選擇能夠提供更多豐富、一致的顧客體驗的產品或服務。也因此，產品或服務口碑評論的「量」，對於品牌即具有顯著的效用。這些豐富的體驗，才會最常引起消費者談論，很多顧客也會急切地用各種方式，希望得知秘訣與真相。

加強產品研發及服務既有客戶，讓網路社群與意見領袖來傳遞口碑，促進消費者對企業品牌的了解，並增加品牌曝光度。這種由現有客戶透過口碑，與潛在客戶交流產品的使用心得，比企業自己宣傳更具說服力！此外，也應重視口碑傳遞的路徑，傳遞的力道，口碑生成的時間（接觸商品的時間）、空間（接觸商品的地點，以及接觸方式）、氛圍（接觸商品前後，因為外在因素，所得到的綜合感受）等變數，才能真正掌握口碑行銷。

第九節　公關行銷

公關的核心特質，有三大面向，第一是手段，第二是管理，第三是對等。就第一個面向來說，公關是手段，目的在推動企業溝通，藉有效的外部溝通，塑造友善的經營環境，提升企業價值。就第二個面向來說，公關就是組織和媒體之間的關係管理，強調「和諧」（Harmony）和「關係」（Relationships）。同時公關本身也是企業管理的一環，良好的管理，有助於企業績效的提升。第三面向是公關建立在「雙向對等」的溝通關係上，唯有在對等基礎上長期對話，才能建立真正的互信，公關活動才能奏效。

公共關係是展示品牌的有效方式，通常也有助於品牌知名度的創建。

公關新聞報導是最經濟的公關活動，即使是召開記者會，所需經費通常比媒體廣告的成本低，但效果卻出奇地好，可謂「本小利多」。事實上，人們通常更願意從新聞故事中，獲得相關品牌的資訊，因為其真實性與可靠性更高。最理想的情景，就是產品本身能引起人們的關注。不過，公關新聞報導最大阻力就在於不能保證一定可以被採用刊播。尤其是本身並不具新聞價值，此時就需要「製造」有新聞價值的事件。所謂「製造」，指的並非違反企業倫理，或是有悖企業誠信，而是用智慧使不具新聞價值的事件，變成有新聞價值。例如，招待全體股東本不具新聞價值，但是王品集團智慧地讓它有新聞價值。

2008 年王品集團招待全體股東，二天一夜墾丁旅遊，並特地選擇高鐵作為交通工具。在時速 3 百公里的高鐵車廂裡，王品集團董事長戴勝益穿上廚師服，親自將王品牛排，送給每位股東品嚐，這就是有新聞價值的事件。活動當日共引起台視、中視、年代、中天、非凡、東森、TVBS 等 7 家電視台，播出每則長達約 1 分半至 2 分鐘的新聞報導。活動舉辦完的隔天，在「聯合報」及「經濟日報」全國版，都有新聞報導，同時並陸續出現在 Google 及 Yahoo! 等入口網站新聞頁面，及 NOWnews、聯合新聞網、TVBS 新聞網等。台灣第一次將高鐵列車，變成牛排餐廳的創意，透過媒體的宣傳所產生的廣告效益，十分驚人！

公關新聞需透過傳播媒體的採用與刊播，才能達到宣傳的目的。公關新聞要能成功，首先就是要引起媒體主動地報導，所以公關新聞一定要在第一時間反應，把握新、奇、特等重點，以吸

引新聞記者及編輯重視。若未能掌握此精神，被拋棄的機會極大。所以公關新聞在多數情況下，要把最重要的新聞事實寫在導言，故其寫作是採用倒金字塔結構。

企業公關是雙向對等的溝通，現代社會單向式的宣導活動，產生不了太大的效果。因此企業必須聆聽、溝通消費者的意見，適度接納對方的觀點，必須堅持之處，要有能力說服對方接納。公關人員有責任，將外部的不同聲音帶進公司決策，並有能力打消與外部期望牴觸的品牌決策。故此，公關的位階及公信力，不但都高於廣告，而且對組織有形產品、無形文化，或提升組織形象，都能在有限的行銷預算，發揮最大的綜效。

5

品牌經營策略

第一節　品牌診斷

「用心、關心與愛心」是企業品牌能永續經營，與基業長青的最基本要素。但是有時投入這些之後，仍不見具體明顯成效，此時就要問：為什麼？有什麼可以解答這個「為什麼」，答案就是品牌診斷（Brand Diagnosis）。

企業識別角色的出現，最早來自於經營者對公司定位與願景的想像，但是到最後，這個視覺系統所承載的，已經不只這些「預設」的正面價值，而是在經營過程中，出現在消費者心中所有的正、負面聯想，也會被一併「吸納」入這個視覺符號中。當消費者心中的負面價值大於正面價值，而且超過臨界點時，此時會出現品牌崩潰的現象。為了不讓這種現象發生，在品牌出現危機徵兆時，就要積極透過品牌的診斷，掌握品牌被消費者接受的程度，重新規劃品牌策略、品牌定位、品牌識別設計、品牌通路佈局、品牌形象推廣等關鍵議題。同時，透過品牌診斷，也可以找出持續發展品牌的困難所在、品牌衰退的原因，以及品牌核心價值為何無法極大化的癥結，最後達到品牌健康的目的。

品牌診斷的途徑，可以透過資料收集、品牌調查、問卷、市場研究等方式，將所得資料數字化、圖表化、歸類化。調查的重點指標，可置於品牌認知圖（Brand Perceptual Map）的五個部分，並由此五大要素指標，來度量品牌的市場表現。

一、品牌聯想率

在不給予消費者提示的情況下，當提到品牌所屬的品類時，消費者能直接想到品牌的比例，即所謂的品牌聯想率。

二、品牌知名度

　　品牌知名度就是消費者對品牌名稱及其所屬產品類別的知曉程度。品牌知名度愈高，表示消費者對其愈熟悉，而熟悉的品牌總是令人感到安全，可靠，並使人產生好感。因此，品牌知名度愈高，消費者對其喜歡程度愈高，選購的可能性愈大，在品牌喜歡程度相同的情況下，品牌知名度愈高，其市場占有率愈大。在同類產品中，知名度最高的品牌往往是市場上的領先品牌，即市場占有率最高的品牌。

三、品牌美譽度

　　品牌的知名度反映的僅僅是該品牌被用戶記住或識別的程度，而美譽度（認為某品牌最好的消費者）反映的則是消費者在綜合自己的使用經驗和所接觸到的多種品牌資訊後，對該品牌價值認定的程度，品牌美譽度是形成消費者忠誠度的重要因素。

四、品牌市場占有率

　　係指消費者於一定時間內購買某品牌，在整個品類市場消費群中占有的比例。消費者占有率對於品牌建設來說，是一個更有實際意義的指標。

五、品牌市場成長率

　　今年某一時段中，品牌的消費者占有率，與去年的同一時期品牌消費者占有率的相對比率。所以要估算成長率時，須選擇兩年的同一時段作比較，而非於一年的兩個時段，此外，還要考慮到產品和市場季節性等因素的影響。將這個比例與一年來新進入的消費者、流失的消費者、核心的消費者等消費群基本資料進行

綜合分析，就能夠直接反映出一年來企業的品牌策略的實施效果。

　　要得到以上這五大指標的資料，可透過市場調查的作法來了解。基本上可將消費者大致區分為四大族群，從這四大族群的變化中，得知今年、本季、本月、本週、本日，支持的忠誠群是正向成長，還是逆向衰退，以及其他族群的變化。這四大族群是：

　　（一）漠視群：這個群體對於本品牌幾乎處於陌生的狀態，對於商品價值、創辦人是誰，或曾得過哪些國際殊榮等細節，一無所知，也沒興趣去了解。所以該族群幾乎不會選擇購買本品牌商品或服務。

　　（二）低涉入群：消費群體知道該品牌存在，但品牌消費量微乎其微，品牌不易被聯想，也不相信其品牌價值。

　　（三）低能力群：對於本品牌具有堅定信心，但在能力上或實際要付錢消費時，就顯得猶豫不決！

　　（四）忠誠群：對品牌故事或品牌精神有充分了解，品牌忠誠度高，也常將品牌好處以口頭傳播給親朋好友。

　　品牌診斷不是為診斷而診斷，而是為了品牌整體的發展與競爭力。所以得到品牌診斷結果後，要檢討現行的品牌策略、識別系統、產品設計等。同時要作 SWOT 分析，訂定爾後設計方向、品牌策略及規劃，並作為管理面與推廣面基礎，以及階段性的發展方向。當然他山之石可以攻錯，所以也要收集市場上銷售量極佳的標竿品牌，藉由品牌調查、問卷、產品收集等方式，找出其特點屬性，再以圖表呈現分析結果，並就此作為訂定品牌發展策略的參考。

　　從這些調查中，可以掌握現有品牌的定位，但在顧客的認知中，這代表了什麼實質意義？品牌定位是否逐漸模糊失焦？在調查過程當中，應該要注意受訪者是否知道該品牌的企業文化，或是商品真實定位等重要的基本議題。如果受訪者在被調查前，有太多疑問未獲得答案，就直接接受調查，這將有礙於整體調查結果的正確性。

第二節　　品牌策略

　　品牌策略對於企業而言，是一種市場廣度及深度的應用思考。對於消費者而言，品牌能幫助抉擇。因為品牌代表了可靠的品質、形象與售價，所以說品牌就是產品的靈魂，一點都不為過！如果經過適當的行銷與刻意營造，品牌甚至會觸發消費者心中一份強烈的情感作用，進而強化他們對於產品的忠誠度，而這種忠誠度，有時甚至可以持續一輩子。因此，擁有品牌的公司，就等於掌握了公司永續生存的關鍵。

　　國際上經營百年的強勢品牌，例如，可口可樂創立於 1886 年、奇異公司崛起於 1890 年、IBM 成立於 1911 年，它們之所以多年暢銷不衰，被廣大消費者接受，主要是因為這些強勢品牌，不僅具有高知名度，而且擁有良好的口碑，因此造就了品牌忠誠度，這是他們多年來注重品牌綜合經營的結果（如創新、靈活、領導人戰略、多元化、實踐品牌承諾）。外行人普遍認為，即使在成熟的產品市場上，只要新品牌投入巨資做廣告、產品好，就能贏得市場，但事實並非那樣容易。雖然知名度是關鍵的品牌資產，但是僅憑知名度，是無法大幅增加銷售額，對新產品而言，

更是如此！

　　企業在國際化及微利化的時代，不論是長期需要，或是為產業提升價值、增加成就感，無可避免地一定會需要發展品牌。發展品牌就像跳懸崖，跳過了，就為企業開創出新局；跳不過去，就翻身落谷。而在競爭激烈的商業戰場，品牌懸崖也愈來愈陡峭。如何才能跳過這個品牌懸崖、品牌鴻溝，唯正確的品牌策略是賴。以下將經營品牌十二個面向的策略，加以分別說明。

一、建立品牌營運總部

　　策略是專為某項行動或某種目標所擬定的行動方案。因此，品牌策略要有通盤考量，不是所有的策略都是應急的隨機應變，一旦這樣進行，到後來就會失去目標和方向。最好的方式就是建立品牌營運總部，界定企業經營使命、願景、經營範圍，提供的產品或服務方式，以及為顧客創造的價值高低，並擘劃品牌的發展方向，塑造組織文化及提升員工的認同感。藉由營運總部的統籌、管控，而獲得具有研發設計、高附加價值生產，與後勤支援等三個主要功能的綜效。若能發揮其最大效益，將可促使企業創造更大的附加價值，進而追求企業最大的利潤。

　　例如，2008 年 1 月琉園（tittot）進駐台北 101 大樓，琉園成立中央集權的「品牌策略中心」，以行銷思維為基礎，集中了行銷、公關、視覺（含網站）、空間（含陳列）、季刊、產品發展，及消費者行為分析等功能。琉園所有對內及對外的呈現，例如行銷相關活動的主題調性等，都由品牌策略中心主導。琉園（tittot）過去商品的價格，透過什麼通路賣給誰，主要都由業務部門決定，但為了落實行銷導向的策略，現在已改由行銷部門決

定，甚至未來幾年琉園要引領風潮，產品線、顏色等，也都必須由行銷主導。

二、發展利基市場

規模小的公司，沒辦法像富士康或康師傅一樣，搶食大的市場，所以必須謹慎選擇利基（Niche）的產品跟市場，期望在小小的領域裡做到最好。就像是大海中的小蝦米，要努力鑽到石頭縫中，去求生存、求發展，也就是去找出更細的利基市場、個性化商品，鎖定需求最強烈的小眾。利基點的找尋，最好是以品牌價值與品牌定位為出發點，同時從大型企業不易著手，或利基不足之處切入，畢竟大象要踩死螞蟻是不容易的！

找到利基市場之後，就要將資源集中於目標市場的經營、開發特定消費族群、選擇特定媒介、與目標對象接觸。想辦法在利基市場站穩腳步後，再從利基市場茁壯發展。尤其是對於剛開始起步發展的品牌，由於品牌實力並不夠，因此更要思考如何在品牌的利基點上去發展。我國的中小企業，基本上無法運用鴻海型的經濟模式，以低成本、標準化的方式，大規模地生產商品，而只有轉向萊爾富型的經濟模式，透過各縫隙市場的分類方式，來提高個人消費者的滿意度。

三、消費者至上

品牌的重心就是消費者。離開此重心，所有的經營，就好像打靶打在目標紅心之外，是無意義的！哪怕使用的技術再高明、科技再先進、投入經費再龐大，都是鏡花水月！但是要如何達到消費者至上的作法，因狀況與產業而有所不同。以下有兩個例子可以作為參考。

　　品牌經營要能成功，就必須掌握正確的品牌行動戰略（如表 5-1）。該戰略應注意九大要項：分析消費者；研究市場；分析品牌機會；採購零組件及原材料；產品、服務、品質與特色；計畫製品；決定價格；選定品牌通路；品牌維護等。

【例一】2009 年 1 月 15 日下午全美航空公司（U. S. Airways）一架客機，從紐約拉瓜底亞機場起飛不久，疑因吸入鳥群，造成兩具引擎同時故障。在此極度危險的狀況下，機長蘇倫柏格（Chesley B. Sullenberger Ⅲ）即時聯絡塔台，告知「遭受鳥擊」，引擎失去動力。機長眼見無法折返拉瓜迪亞機場，距離其他可降落機場又遠，當機立斷轉向哈德遜河（Hudson River）迫降，並以廣播告訴乘客「提防衝擊力道」，隨後客機緩緩朝河面滑降。這次能夠成功平穩迫降，全仰賴機長蘇倫柏格（Chesley B. Sullenberger III）個人飛行經驗和沉著應變，以機尾式降落，避免機身解體造成更大傷亡，成功帶領 154 人死裡逃生！美國媒體將他譽為「哈德遜英雄」，其中最令人欽佩的是，機長先讓 155 名乘客和機組員，全部離開機艙後，還在機艙內來回巡視兩次，確保機艙內沒有其他乘客，最後才撤離。

【例二】2007 年 3 月 6 日，國內第一大網路書店博客來的相機館，甫開張沒多久，即發生價格錯標事件，原價 3,830 元的 2G SD 記憶卡，竟然只要 1,520 元；1G 的記憶卡從原價 1,520 元變成 650 元，網友們乃呼朋引伴下單搶購，短短 3 個小時湧入近 300 筆訂單。然而由於價格過於誇張，

表 5-1 品牌行動戰略表

品牌行動戰略	行動核心精神
1. 分析消費者	（1）針對消費者訊息及喜好進行評價，透過消費者相關情報分析、產品定位，予以擬定目標市場的區隔化戰略。 （2）透過消費者分析所獲取的情報，必須明確陳述。 （3）以現有消費者及潛在顧客需求持續研究，藉以維續企業的競爭優勢。
2. 研究市場	（1）與市場行銷有關問題之資料蒐集分析，掌握目標客戶的需求訊息，站在顧客的立場提供顧客滿意的服務。 （2）努力蒐集情報，促進市場行銷戰略的具體化，所以組織的決策是不可欠缺的要件。
3. 分析品牌機會	（1）決定市場行銷相關的策略，諸如成本、市場上的優點；風險分析及評價所算出的總成本；以及損益平衡點之預測。 （2）總成本與損益平衡點回收之比較分析。
4. 採購零組件及原材料	（1）針對至少有三家同業的供應廠商，進行評比的細部分析，以避免可能危機的出現。 （2）加強後方整合對供應廠商的影響力，針對成本高及信賴性欠缺的供應廠商，必須提出因應措施。
5. 產品、服務、品質與特色	（1）品牌強調的，就是特色，而品質是最根本、最基礎的廣告宣傳、銷售促進，連同顧客關係活動均為市場行銷的主軸，這些活動與市場滲透的成敗，具有密切的關係。 （2）銷售機能的強弱，已成為品牌成敗關鍵。
6. 計畫製品	（1）製品計畫乃為試製、市場與製品的定位，以及品牌形象的關鍵要項，有關品質確保和顧客服務等之活動均包括在內。 （2）擬定製品的開發及多角化戰略均為檢討要項的重點，切記不可忽略。
7. 決定價格	（1）產品及服務價格由顧客予以評定。 （2）透過前方及後方整合戰略，在短期間決定的價格，即為中長期價格的戰略思考。 （3）企業擁有差異化武器所擬定的價格，競爭對手無法抵擋時，即可持續維持競爭優勢。
8. 選定品牌通路	（1）銷售通路是市場開拓及前方整合戰略中，最為具體的成敗核心。在通路選定上，必須符合品牌特色。檢討要項，可以提供最終市場及服務的替代手段。 （2）銷售通路可分為直銷及經銷兩大類別，在此廣大領域上可以加以選擇，這種通路的強弱，乃受到外部環境要因所左右。
9. 品牌維護	長期經營，注重消費者需求的滿足度與可能的危機預防。

網友們雖然下了訂單，卻不敢貿然匯款，在網路上引起
一陣討論，不少人因為先前 PChome 不認賠的經驗，認
為這又會是一次大鯨魚欺負小蝦米的「誘買」事件。不
過博客來的處理方式，讓網友們大幅提高對博客來的好
感與忠誠度，成功地化危機為轉機。

四、品質差異化策略

經營品牌沒有捷徑，唯有產品不斷研發與技術不斷創新，才
是重要堅實的後盾，如此才能逐步打開產品知名度，進而取得顧
客忠誠度。中小企業不像大型企業，能以量產方式降低成本，或
有充足的資金，以大量廣告的方式增加消費者對於品牌的好感。
中小企業者應以創新研發的方式增加產品的差異性及降低產品的
取代性，來經營品牌、維持品牌優勢。其作法可積極地與專家學
者（育成中心）合作，改良研發新技術、強化產品品質、提供最
高品質的產品給消費者，並透過專利申請、加高產業的進入障
礙、創造產品差異化、降低競爭者的威脅，藉以保護自有品牌的
長期發展。

不過在品質差異化策略的過程中，也要熟悉企業的商品或服
務，與競爭品牌的差異點。例如，宣揚新開發健康食品的易開
罐雞精特色：1.天然土雞、枸杞、紅棗提煉而成；2.國寶級中醫
師監製；3.常喝可提升元氣與免疫力；4.每罐只要 20 元；5.有
2000c.c.家庭號，可讓全家養生及保健。可是在五種特色中，究
竟哪一個項目才是消費者或賣場主管採購與否的關鍵？這是第一
個品質差異化策略要思考的議題。

第二個議題是，不要去做「創造消費者需求的產品」，而是

要去開發「滿足消費者未被滿足的產品」。舉例來說，任天堂遊戲機曾經一度受到微軟與新力公司夾殺而陷入危機，後來任天堂改變策略，以消費者習慣進行創新、修改，以便更加容易上手，最後成功開拓新的消費客層市場版圖。

五、定價策略

在今天的商場上，擁有品牌的業者，基本上必須發展出一套正確的標準定價策略。如果想要銷售成長，就要取得適合消費者的價值方程式，而且要能充分了解動態影響消費者決定過程的標準定價策略。製造廠商和零售商需要處理的問題，包括：關鍵的標準價格競爭者是誰？哪一個是最重要的標準價格動態：絕對標準價格水準或者是相對競爭的標準價格定位？相關的標準價格彈性為何？這些資訊是如何隨著零售商和銷售狀態而改變？現存市場中的情緒價格為何？選擇的標準價格定位，對於銷售數量和獲利率的影響，以及競爭反應為何？與特別提議的標準價格變動，相關的風險為何？達到商業目標的最佳價格定位／策略為何？

六、策略聯盟

策略聯盟指的是二個或二個以上的品牌企業，針對某些特定商業功能的連結，藉由彼此技術、產品或經銷通路的互惠性交換，以降低成本、分散風險、取得關鍵資源，提高競爭地位的好處，以促進聯盟成員提昇其競爭優勢。例如，2009 年 2 月 5 日華碩與衛星導航國際大廠台灣國際航電（Garmin），共同組成策略聯盟，合作成立 Garmin-Asus 品牌，打造全球第一款 LBS（Location-Based Service, 行動定位服務）的智慧型導航手機，期望該品牌做到提供即時（Real Time）、即地（Real Place）服務的

目標。2009 年 2 月統一企業與橙果設計合作,推出「統一傳情密碼 cupcake 禮盒」,在全省 7-ELEVEN 獨家限量銷售,讓消費者可以輕鬆向情人、朋友、同事、親友、家人表達感恩、感謝的心意。

七、品牌授權

品牌授權通常發生在製造業,廠商會選擇品牌授權的策略,無非是希望藉由授權來取得授權者所提供的品牌附加價值,如授權品牌的品牌權益、授權者所提供的各種品牌支援活動,以及授權者本身品牌經營經驗的傳承,以迅速、低成本的方式,達到進入市場或新市場區隔的目的。

對於跨國品牌企業而言,受限於本身的能力或當地法令不準直接投資或企業合資。在此情況下,品牌授權則可成為另一個替代方案。當日本汽車公司因本地法令的限制,不能直接來台灣設廠時,日產和本田分別授權裕隆和三陽兩家本土企業,在台灣代為裝配汽車。可口可樂和百事可樂早期的國際擴充,亦以品牌授權為進軍國外市場的主要手段。

企業自身條件的差異,包括是否具備設計、製造、行銷等能力,或是否擁有通路等變數,都會影響品牌擁有者願意提供合作的機會,與合作關係維持的意願。若是以中小企業為主的產業結構而言,本身規模不具競爭力,與內需市場太小的情況下,普遍缺乏自創品牌的條件與能力,自產品設計、研發、至上市的行銷、推廣等一連串過程中,往往會遭遇許多無法克服的困境。因此,若能爭取藉由權利金的支付,取得知名品牌授權與代理,即可彌補廠商在設計、行銷、管理能力等方面經營知識與經驗的不

足，這種方式已成為許多中小企業進入市場的策略選擇。不過對於授權品牌，應先有所選擇。

　　事實上，授權與代理市場上可供選擇的品牌眾多，廠商在選擇適當的合作對象時，首先應就品牌擁有者的品牌權益高低、授權時間長短、提供的品牌支援、權利金數量多寡、控管方式，以及對被授權者權利義務的要求等方面，有一個全面性的透澈了解。

　　再從本身的角度來看，根據衡量市場的需求、所需要的產品、目標消費群的設定、本身的企圖心與能力、過去的合作經驗等，將以上種種相關的條件集合起來，尋求最恰當的合作。在合作的過程中要小心的是，授權者由於自身的利益，與競爭的考量常常採取一對多的授權。被授權者因而大多屈居劣勢，擔心授權期限屆滿，權利即被收回，或是在權利金的多寡與被授權者權利義務的要求上，沒有談判優勢；甚至因授權者不斷將品牌細分，再授權出去，而影響自身權益。

八、購併

　　為求取經濟規模，購併是拓展市場與品牌成長的主要策略。在全球化的競爭及貿易壁壘的保護情況下，對於長年被定位於代工角色的我國業者而言，併購國際市場的品牌與行銷通路，不但可以快速跳脫代工模式，取得國際性資金、人才、技術及市場，更能有效降低海外營運風險，提升企業的國際化程度，達成持續成長之效益。例如，神達電腦 2009 年 1 月 14 日，完成購買美國衛星導航設備品牌 Magellan 資產（在美國市占率約 10% 至 12%），獲益包含導航軟體、專利、商標、授權、智慧財產權、

經營團隊、客戶及銷售管道等，提升神達電腦在全球導航市場的戰力。

　　購併雖是一條捷徑，但隨著時間推移，管理成熟度將備受考驗。此外，購併也有其風險所在，不一定都會對品牌企業有利！例如，明基在購併德國的西門子手機部門時，曾期望藉由 Siemens 的知名度，以 BenQ-Siemens 聯合品牌的方式，來「挾帶」BenQ 的品牌，結果反而賠了三百多億。以宏碁爲例，過去在進軍美國市場時，曾花了 50 萬美金在加州洛杉磯買了一間服務公司，最後卻以虧損 2 千萬美金收場；宏碁當時併購了許多美國公司（例如美國迷你電腦公司高圖斯），效益都不如想像中大，致使宏碁曾想退出美國市場。

九、加盟連鎖

　　各品牌開放並能吸引加盟的基本原則之一，即品牌總部必須先有品牌本身直營，或連鎖直營的成功營運管理與經驗後，才可開放外界加盟共享創業的成果，這種方式是較爲成熟穩妥。目前服務業的跨國公司，幾乎都以加盟連鎖的方式，在國際市場收割其品牌投資的成果。旅館、速食餐廳，和便利商店等行業的經營，均需大量或大規模的營業據點。對多數跨國企業而言，在他國取得營業用的不動產並不容易。因此，擁有知名品牌的服務業廠商，通常無法以直接投資來進行國際擴充。此時，加盟連鎖乃成爲最佳的替代方案。在全球經濟不景氣、失業率攀高的時代，選擇做新加盟主，複製成功品牌，是一種選擇。

十、品牌名稱抉擇

　　每家企業的品牌經營都有其獨特的品牌體系操作的經營策

略，例如品牌傘策略，以企業名稱背書系列的產品品牌；複合品牌策略，透過企業品牌與商品品牌，進行組合式經營；獨立品牌策略則賦予商品，或服務獨立的品牌定位；聯合品牌策略則是於策略考量所從事的結盟、購併或控股行動。每一種策略都有其優缺點，就看其當時的需要與總體策略考量。

多品牌策略可以根據客戶性質、各國民情的不同，而創造出客製化的品牌。一般而言，採取多個品牌同時發展的策略，其滲透市場的能力遠比單一品牌的能力強，若能輔以創新的設計、靈活的行銷手法，來創造差異化、進行通路佈局，對於品牌的永續生存是較有利的作法。

採多品牌的企業，如全世界第一大化妝品集團萊雅（L'ORÉAL），擁有 17 個全球性策略品牌；統一企業有價值的品牌，如左岸咖啡館、統一雞精、多果汁系列、純喫茶、茶裏王、統一鮮乳、統一 AB 優酪乳、統一速食麵等；日本連鎖業的多品牌，如：薔薇山企業旗下有白木屋、笑笑、燒藏……，至少六個以上的居酒屋品牌；宏碁 2008 年 3 月發表四大品牌 acer、Gateway、Packard Bell 及 eMachines，各職司不同的戰場。旗艦品牌 acer 以及走低價路線的 eMachines，以全球為行銷範圍，Packard Bell 主打歐洲市場、Gateway 是美洲和亞太市場。

多品牌策略所付出的心血，遠比單一品牌來得大，但是結果不一定比單品牌策略來得好。以奇美集團為例，2002 年成立時，專注 ODM／OEM 市場，2003 年起，以 ODM／OEM 及自有品牌 CMV、POLYVISION、POLYVIEW 三個品牌並行，後來發現其間有諸多問題，到 2006 年就整合為單一的 CHIMEI 品牌。整合後短短三年，累積驚人的品牌發展潛力，在台灣的液晶電視領

域，獲得「國產第一品牌、消費者滿意度第一」的美譽。

十一、重視企業倫理

　　永續經營的品牌企業會將誠信正直、專注本業、重視品質、講求紀律、落實績效，及信守對利害關係人的承諾等，列為企業經營的品牌核心價值。企業平時就堅持這些基本價值，則不論面對經濟繁榮或蕭條，都能從容應戰，進而掌握契機、拉大與競爭對手的差距。以王品集團為例，宣導「送玫瑰把愛傳出去」的理念，來鼓勵大家關心身邊的人；「熱血青年站出來」，鼓勵捐血救血庫；「知書答禮」來幫助偏遠地區等人文關懷。在品牌競爭的時代，品質與設計已經不是問題，重要的是如何爭取消費者的信任。其中企業倫理既是對外、也是對內的核心關鍵，哪一家企業能夠真正實踐企業倫理，這就成為它的品牌特色，也成了市場競爭的關鍵。

　　保力達公司的「毒蠻牛」，金車飲料公司伯朗咖啡的「中毒」事件，都凸顯公司寧願賠錢，也要重視消費者健康的誠實、負責品牌精神與核心價值。號稱為全球第一大企業的沃爾瑪，每年營收超過 2,800 億美元、僱用 130 萬名美國員工，其規模之大，足可敵國。根據《財星》雜誌報導，沃爾瑪百貨光是一年的成長幅度，就相當於軟體業鉅子微軟公司。像這樣全球最大的百貨公司，在 2006 年 6 月 1 日，就設立了「全球倫理辦公室」，希望藉由這樣的一個辦公室，傳達訊息給全球的利益關係人。這個辦公室提供了依據全球倫理聲明，來做決定的準則，以及可撥打「倫理求助專線」，並針對其企業內涉嫌違法的行為，進行匿名的檢舉，充分凸顯出企業倫理在品牌時代的重要性。

十二、爭取政府協助

政府擁有作權威性分配的權力與能力，若能得到政府的協助，在推廣品牌之際自然省力。例如，中共上海市政府爲重振「老字號」的品牌商店，因而興建多條「老字號一條街」，希望以集聚效應的整體影響力，讓「老字號」企業改造升級。其中如：雲南路「老字號」美食街；浦江鎮的「老字號精品街」、南匯「中華老字號品牌大道」、佘山 8 萬平方米的「老字號」旅遊商業區。

📁 第三節　品牌定位

企業對於品牌所採用的策略，會因品牌定位的不同，而有所差異，所以品牌定位攸關整體策略的擬定。品牌定位係指透過和競爭者的品牌特性相較，而將自己的品牌定位於較有利的「位置」，這個「位置」是深藏在消費者的心中的。

這個「位置」主要涵蓋五個方面的層次，包括產品屬性、品牌利益、品牌個性、品牌體驗、品牌承諾。誰能在消費者心中打得深，打得牢不可拔，誰就是贏家！

成功的品牌，大都有其特殊的品牌定位。品牌定位的來源，首先要找出本品牌的特質，或者是特別強的地方。例如，高效率的設計團隊，或高品質的商品；其次，確認這些特質優點是否爲消費者最關切的點；最後則是將這些特質組合起來。Aaker and Shansby（1982）對於定位策略的執行，則認爲可遵循以下六個步驟進行：

一、確認競爭者

發展定位策略，必須先了解市場上，有哪些競爭者，並分析主要競爭者，及次要競爭者是誰。

二、掌握消費者偏好

顧客如何評價競爭者、產品或品牌評價的因素（包括產品屬性、產品使用群，和產品使用情境），而這些因素必須能適當描述產品的品牌形象。

三、決定競爭者的定位

可利用多元尺度分析來衡量顧客對個別品牌的主觀判斷，決定競爭者與自己的相對位置。

四、分析顧客

進行市場區隔，並描述目標區隔的特性，以發展定位策略。

五、選擇定位

選擇定位決策，大多是以主觀的方式進行，但仍有些參考原則，例如：針對欲掠奪的市場區隔進行考量，考慮潛在市場規模與滲透可能性。如果原定位有效，則必須持續經營，不要輕易改變。若要進行重定位，則必須考慮產品或品牌特性是否符合。

六、監視定位

產品或品牌的相對定位，可能會隨著時間而慢慢改變，因此必須監視定位圖，定期評估定位策略是否有重新修正的必要。

透過定位來建立品牌時，要注意這個類別是否夠大，如麥當勞專攻漢堡、阿瘦專攻皮鞋等。由於專業及專攻，使它們變成很

成功的品牌,所以定位品牌最好的方式,就是強調特定的屬性。品牌定位的核心,是消費者最在意商品或服務的某一種本質。

針對這項本質切入,有八種定位策略可供選擇。最後一種屬於後現代主義,與前七種在本質上有很大差異,茲分述如下:

(一)屬性定位(Attribute Positioning):以產品某些的特質,來作為市場區隔基礎。例如,腳踏車的操作性能。

(二)利益定位(Benefit Positioning):依產品所提供顧客的特殊承諾、特殊的利益,作為定位的核心。例如,按摩器對壓力大的人,可提供紓壓之用。

(三)使用/應用定位(Use/Application Positioning):譬如,以消費者多重應用目的作為定位,也就是這種產品功能,必須是多重的。

(四)使用者定位(User Positioning):以顧客層作為定位,例如對老人而言,產品就必須適合這個年齡層。

(五)競爭者定位(Competitor Positioning):可宣稱能比競爭的品牌,提供更好的利益。

(六)產品類別定位(Product/Category Positioning):以產品類別之差異性定位。例如 BMW 不僅是小型豪華車,也是一種跑車。

(七)品質/價格定位(Quality/Price Positioning):例如,高品質/高價位的市場定位,與低品質/低價格的市場定位不一樣。

(八)後現代主義(Post Modernism)定位:後現代主義(Post Modernism)顛覆了原來市場定位與區隔,其主要定位的

策略架構有五點：（1）去定義化（De-Definition），也就是放棄原來品牌的競爭優勢，重新思考與選擇新優勢的創建；（2）去中心化（De-Certrement），改變原來品牌市場定位與市場區隔；（3）解構（De-Construction），指的是重新定義原來品牌的核心價值；（4）質的提升（Qualitative Leap），這主要是爲了達到質的提升，必須與過去操作方式進行顛覆；（5）斷裂式發展（Discontinuity, Disjunction），這是爲了達到品牌成長，可考慮在不同構面有不同的成長模式，不需在同一構面做連續性思考方式。

　　品牌定位的核心精神，主要是在消費者心中，建立一個「特殊」的位置，進而以各種策略，來鞏固這個位置。但是當品牌所定的「位置」，和消費者心中的「位置」有所落差時，就會產生定位過高、過低的問題。

　　爲了能有效向市場表現，企業的品牌定位，必須避免三種可能有副作用的定位策略：（1）定位過低（Under-Postioning）：定位低的企業，缺點是很難維持多品牌策略，結果變成公司名稱等於品牌的構造；（2）定位過高（Over-Positioning）：定位高的企業如果不採品牌策略，就無法獲得維持多樣化的消費者，以確保高市場占有率；（3）定位混淆（Confused Positioning）：消費者對品牌印象，欠缺明確的認知，造成缺乏具體形象的定位。例如，原來是中國大陸最有價值的第一轎車品牌「紅旗」，50 年的延續和發展，已成爲尊貴、安全、權力和大方的象徵。不過由於主動放棄紅旗多年來形成的高級車形象，模糊了長久以來的品牌定位，進入所謂的中級車的市場，又因市場銷路不好時，頻頻降價，使得中檔價位也沒守住，反而滑向低檔經濟型轎車。

📖 第四節　品牌通路

　　品牌經營秘訣在哪裡？通路的選擇與經營就是關鍵。這不是件容易的事，對新進或小品牌來說，更是攸關存亡的關鍵。首先是通路的選擇，是否與品牌形象相得益彰，「龍配龍，鳳配鳳」的門當戶對，如果不是就應該調整。例如，韓國三星品牌大廠，為了配合嶄新的高檔品牌定位，一舉撤出 Wal-Mart 等低價量販通路，轉進席爾斯百貨（Sears）等中高價位的通路。另外，成立於 1982 年的友華生技，自創「卡洛塔妮」品牌，目前已成為羊奶粉市場的領導品牌。該品牌在發展過程中，為了建立更為專業與領導的角色，友華生技摒除與一般家庭常消費的大賣場合作，反而選擇與藥局、藥房以及小兒科診所等，較為專業的通路合作，給予適當、密切的產品教育訓練，以提供消費者在選擇嬰、幼兒奶粉時專業的諮詢與服務。

　　其次，通路角色從以往買賣東西的定位，到如今則扮演供應鏈的重要角色。不管是對製造業，或是消費者市場，從前端供應到售後服務、附加價值、產品、後面的產品，通路都有其功能。例如，買手機所衍生的價值不容忽視，從後面隱藏的上網、下載鈴聲，甚至未來在上面看電影、拍照，都需要連到後面一大串的服務，因此通路是資訊科技導向的產業。此外，對全球市場趨勢的掌握，也是極為重要的，特別是庫存的部分。通路可反映價格的趨勢、市場的供需，跟產業的成長，遠超過過去以為只是買賣東西。所以在選擇通路時，對於通路的反應速度、附加價值以及通路本身的能見度，都是重要的關鍵。台灣的 La Jolla 品牌鈦飾品，其知名度大增，就是因為選對了華航空中的精品通路。

總的來說，行銷通路介於製造者與消費者之間，扮演非常重要的角色，它能執行許多重要的行銷功能，其中包括交易、後勤、促成等重要功能（請參閱表 5-2 品牌通路重要變數表）。

一、交易功能

（1）購買：購買產品用以轉售；（2）銷售：推廣產品給潛在顧客並爭取訂單，此爲行銷通路中最重要的功能之一。即接觸購買者及潛在可能的購買者，藉由個別銷售及廣告，來幫助生產廠商銷售商品；（3）協商：爲了完成買賣，中間機構要分別和製造者及顧客協商談判、訂購產品及完成交易；（4）風險承擔：承擔因擁有產品而發生產品變質、損毀或過期的風險。

二、後勤功能

（1）訂單處理：接到顧客的訂單後，須妥善加以處理。（2）產品集中：將各地生產或製造的產品集中在一處。（3）儲存：中間機構常須維持一定數量的存貨，以因應市場不時之需。同時可善盡維修和庫存的工作，方便顧客較接近產品的購買點，並且增加滿意度。（4）分類：藉由購買大量的產品，以重新組合成消費者所需的數量和格式，減少交易次數。（5）運輸：執行產品運輸的工作，將產品從生產地或製造工廠運送到轉售、使用或消費的地點。

三、促成功能

1.信用：對消費者提供信用貸款等功能，以促成交易；2.資訊蒐集：從事行銷研究、蒐集及提供有關的市場資訊，使交易能順利進行。且可以作爲生產廠商與市場間，良好資訊的取得管

表 5-2 品牌通路重要變數表

抉擇因素			抉擇內容	通路策略
外部力量	消費者變數		消費者偏好	由於消費者的偏好，會隨著時間而變動，因此，選用的通路，可能需要隨消費者偏好的改變而改變。例如顧客群分散而廣大，則需增加通路長度。
			地緣關係	如果消費者規模大且地區集中，直接行銷通路就可能較具吸引力。
			市場規模	如果市場規模不足，較適宜利用中間商。
	通路夥伴		中間機構的特性	考慮各種不同型式的中間機構，在執行各項通路功能上的優缺點。
			有無可用的中間機構	選擇通路時，也要考慮有沒有可用的或現成的中間機構。
			中間機構的意願和能力	如中間機構的意願不高或能力不夠，就必須選擇其他的通路。
	競爭變數		競爭者通路策略	競爭者忽略或規避的通路，有時會是一個好的通路選擇。但在許多情況下，適宜採用和競爭者相同的通路。
	環境變數		景氣階段	經濟不景氣時，行銷者為了降低將貨品送到顧客手上的成本，可能會採用較短的通路，並且省略若干較不重要的服務，以期能以較低的價格供應給顧客。
			法律與政策	通路的選擇有時會受到若干法律的規範和限制。
			網際網路發展	特別是網際網路的普及，已使網際網路的使用成本大幅降低，因此有愈來愈多的行銷者透過電子通路直接向顧客銷售產品。
內部力量	產品變數		產品特質	產品特質對通路選擇有非常大的影響力。例如，大套書或百科全書與教科書，宜採較短的通路型式。
			生命周期	通路類型可能會隨著產品所處的生命周期演進而不斷調整。
			產品品牌形象	想要塑造一流品質的品牌形象時，最好只讓少數聲譽較佳的通路來銷售。
			價格	低價和銷量大的產品，通常會透過大而完整的銷售通路來分配。

理。上述行銷通路上的功能，在運作上有三個重要的原則：（1）通路組合中的機構是，可以去除或是替代的；（2）機構所提供的功能，將不會消失；（3）機構消失其功能，將會由前一級或後一級的通路成員遞補。

基本上，通路的策略是多產品、多品牌、多管道，沒有所謂的忠誠度，只有消費者才有忠誠度。除非通路有特殊利益可圖，或有特殊的策略聯盟，否則對於通路商來說，管理這麼多的產品，很難產生對特定品牌的忠誠度。如果知道這樣的心理因素，就會了解品牌經營的重責大任，還是落在品牌企業的肩膀上。從能控制與較難控制的角度出發，難控制的通路，例如幅員廣大的中國和印度，尚未建立一定通路結構的市場，此時如果交給代理商，就很難迅速掌握零售端的問題，所以應該採取的策略，就是自己成為代理商，直接控制零售商。成本較低的方式是，跟經銷商是策略聯盟，接著慢慢地向下整合，利用漸進式的方式掌握通路。中間商一旦選定之後，尚需持續予以激勵，使他們能夠全力銷售製造者的品牌產品或服務。總之，要激勵中間商，取得中間商的真誠合作，最有效的方法就是設法和通路建立長期的合夥關係。

第五節　品牌策略規劃

規劃品牌策略的發展方向，主要的方式有 BCG 矩陣策略模組，以及 SWOT 分析模型。以下針對此兩種模式加以說明。

一、BCG 矩陣策略模組

　　BCG 成長／占有率矩陣──產品組合矩陣（Product Portfolio Matrix），是 1970 年波士頓顧問公司（Boston Consulting Group）所提出，主要目的是協助企業評估與分析其現有產品線，並利用企業現有現金，以進行產品的有效配置（Portfolio ）與開發之分析模式。

　　BCG 矩陣圖中，橫軸為相對市場占有率（Relative Market Share）（所謂的相對即是相對於現有競爭對手）；縱軸為市場成長率（Market Growth Rate），如下圖所示，因此如果將橫軸與縱軸一分為二，那麼即可將此二維圖形分成四個象限，而根據此四個象限，即可區分為四種不同類型的產品（Products），分別為問題（Question Marks）、明星（Stars）、金牛（Cash Cows）與狗（Dogs）。

BCG 矩陣品牌策略規劃

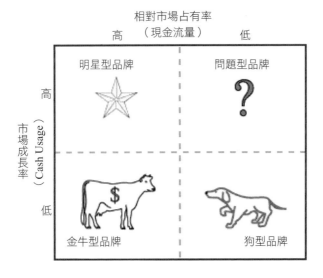

　　將 BCG 矩陣的精神運用到品牌策略中，即可出現四種品牌，以及這四種品牌的發展策略。運用這種策略模組最適當的，屬於擁有多品牌的公司。以下將此四種說明如下：

　　（一）狗型品牌：在 BCG 矩陣中，所謂的狗，就是苟（狗）延殘喘的意思，亦即在一個低成長的市場環境（外在環境），該公司又僅擁有低市占率，因此策略上，應該放棄此產品品牌。例如，統一企業 2008 年刪減 2,000 項以上產品，2009 年各事業體也定出營收平均線，將低於標準的品項繼續刪切。

　　（二）金牛型品牌：金牛型品牌就是指目前會產生現金流量（即可擠出牛奶）的品牌，由於該產品的整體成長率低（因為接近飽和期），競爭態勢已經底定（外加競爭者不多），現階段企業又占有高市占率，該品牌可以持續產生現金流量，因此策略思考上即應該思考如何善用此現金流量。

　　（三）明星型品牌：明星型品牌即是有朝一日（未來），具有成為企業金牛型產品可能的明日之星（需要強調的是明日），該產品現階段處於成長率高的市場（例如新興市場），而企業本身現有相對競爭優勢。因此，企業只要持續保有創新與技術競爭優勢，就能保有較高的市場占有率，有朝一日競爭者將逐漸出局，整體成長率降低之時，即可成為另一頭金牛。

　　（四）問題型品牌：圖中問號即是問題兒童品牌，亦即未來不確定性高，因為該品牌處於新興市場（所以享有高成長率），但是由於現階段競爭力較弱，因此市場占有率不高。例如，統一企業大陸方便麵事業，2008 年處於虧損，但鑑於大陸方便麵市場還有成長空間，故不可能放棄方便麵市場。

　　問題型品牌發展的軌跡，可能有二，其一為隨著時間的增加，慢慢變成狗品牌，另一個當然是增加投資，使該產品提高市場占有率，而成為明星級的品牌，當然最後可再轉換成金牛型品牌，為企業貢獻現金流入。

二、SWOT 分析模型（SWOT Analysis）

　　SWOT 分析是企業管理理論中，相當有名的策略性規劃，主要是針對企業內部優勢與劣勢，以及外部環境的機會與威脅來進行分析，可作為企業策略擬定的重要參考。企業在進行品牌的策略規劃（Strategic Planning）時，SWOT 分析可扮演協助擬定策略的關鍵角色。將 SWOT 的分析結果與策略進行連結，並進行策略議題擬定與行動方案建立，是品牌策略規劃上的重要議題。

　　SWOT 就是優勢（Strengths）、劣勢（Weaknesses）、機會（Opportunities）和威脅（Threats），每一個字的字首所組合的。由品牌競爭的角度來看，所謂的優勢（Strengths）、劣勢（Weaknesses），即是品牌與其競爭者，或是潛在競爭者（以某一技術、產品或是服務論）的比較。機會和威脅則來自於外在環境，以下進行各項說明。

　　（一）外部分析：環境分析程序係策略管理程序中的關鍵部分，且組織環境往往決定企業的可行性結果，蓋因一個良好的成功策略必須與組織的內外部環境配合。為什麼要發展分析品牌的外部環境？主要是因為環境會影響品牌成功的速度與機會，偏偏環境又無法控制，只能去了解並從中找出品牌發展的最大成功機率。外部環境分析又分成小環境與大環境，品牌所指的是小環境分析（即是競爭環境分析），涵蓋價值鏈分析（Value Net Analysis）、供應鏈分析（Supply Chain Analysis）。

企業外部環境分析的主要對象是，政治（Political）、經濟（Economic）、社會（Social）、技術（Technological）、法律（Legal）、道德（Ethical）等。品牌外部的分析內容，主要是分析機會（Opportunity）與風險（Risk）發生的機率（Probability）與影響力（Impact）。機率即是此機會事件（Opportunity Event）或風險事件（Risk Event）發生的可能性；影響力即是該事件對於企業的衝擊。外部有機會也有威脅，舉例來說，1. 外部機會：有什麼適合品牌的新商機？如何強化品牌市場區隔？可提供哪些新技術與服務？政經情勢的變化，有哪些是屬於有利機會？品牌未來 10 年發展為何？2. 外部威脅：大環境近來有何變化？品牌競爭者的策略變化？是否跟得上消費者需求的改變？政經情勢有哪些不利品牌發展？哪些因素的改變，將威脅品牌生存？

（二）內部分析：內部分析又稱為品牌能力分析（Capability Analysis），包括能（優勢，Strength），與不能（劣勢，Weakness），以及強與弱的評估。品牌的能與不能、強與弱，主要評比的面向有九大環節：研究開發、市場行銷、生產製造、授權移轉、財務會計、租稅環境、投資業務、商業模式、資訊網路。內部有優勢也有劣勢，舉例來說，1. 內部優勢：相關品牌人才，具有哪些特殊優勢？品牌本身有何優勢？有什麼創新技術？有何成功的策略運用？為何能吸引客戶上門？ 2. 內部劣勢：公司整體組織架構的缺失為何？技術、設備是否不足？政策執行失敗的原因為何？哪些是公司做不到的？無法滿足哪一類型客戶？

（三）策略模組：SWOT 矩陣策略配對（Matching）方法，見表 5-3，最佳的策略，是運用品牌本身優勢，並結合環境中的

機會。如此以避開環境中的威脅,並克服本身的弱點。

表 5-3　SWOT 評估表

優勢(強度)	弱勢(缺點)
機會(時機)	威脅(壓力)

第六節　品牌再造

　　老品牌不單單是一種商品,或一家公司的代名詞,常常是所有參與這個成長過程的人共同擁有的記憶,它代表了共同的成長歷史。例如台灣的萬家香醬油、玉兔文具(玉兔原子筆);大陸的鳳凰牌自行車、上海牌手錶、蝴蝶牌縫紉機等。

　　然而很多企業百思不解的是,為什麼產品品質沒有問題,但是市場需求卻嚴重萎縮?這主要是因為品牌老化!造成這種的原因很多,例如,品牌價值認同降低、產品缺乏創新、產品跟不上時代潮流與節奏、新產品得不到消費者認可、顧客結構老化、競爭品牌崛起、品牌與消費者需求發生脫節、廣告策劃和媒體傳播失焦、品牌形象日趨模糊、市場占有率逐步被競爭品牌蠶食。

　　品牌老化的問題盤根錯節、錯綜複雜,所以品牌再造,就如同百年古蹟修復,必須小心翼翼地作總體考量,而不是頭痛醫頭,腳痛醫腳。須經過一番全面性的深入了解後,再決定總策略架構。在此策略架構之下,繼續對各個部分進行處理。以下藉由十個企業的品牌改造案例,來說明品牌改造的重心。

一、台鹽

具有一甲子年歲的台鹽，其品牌再造除了品牌廣告之外，特色如下：

（一）推出新產品：綠迷雅膠原蛋白、海洋生成水、在七股鹽山興建「不沉之海」，泡完了，還可以減肥，吸引許多消費者。

（二）價格極低：一個企業降低 20% 的營業成本很難，台鹽卻在一年之內降到 36%，所以台鹽可以用最低價與全球競爭。

（三）優質服務：設有 24 小時全年無休客戶服務專線（0800230990），顧客只要一通電話，就能全國服務，全面服務。此外，台鹽要求員工，客戶的電話絕不能響超過三聲，要立刻回應客戶的需求。若找的人不在，也要留下電話，以便回電，迅速把問題解決。

（四）特色：全球第一個把鹽山拿來雕刻，把鹽山雕刻成雪人、在鹽山做壁畫，舉辦鹽雕比賽、建鹽屋、鹽泥按摩池等，以吸引人來此觀光、拍婚紗照。

（五）策略聯盟：台鹽和國軍英雄館攜手合作，成立第一家以美容護膚 SPA 為主的旗艦概念館。

二、京都念慈庵

將品牌重新定位為「保養喉嚨與淨化呼吸道」；改變產品造形（瓶裝變鋁箔包裝），推出喉糖式的京都念慈庵，以方便消費者的攜帶。在品牌廣告中，將家喻戶曉具文化內涵的「孟姜女哭倒長城」故事，與京都念慈庵充分結合，使消費者想到該文化典故，就想到京都念慈庵的品牌。

三、大同醬油

具有百年口味的「台灣老醬油」,除了固守中高年齡層客源,也針對中低年齡層及健康養生的消費潮流趨勢,創新研發出「柳丁醬油」及「紅麴醬油」,並透過精美的包裝,獲選為雲林縣十大伴禮之一。大同醬油更直接推進到新光三越百貨賣場,甚至遠赴澳門威尼斯人酒店展售。後來成功吸引貿易商,主動上門採購醬油,成功地將外銷觸角延伸到美國、日本、紐西蘭、中國大陸、東南亞、中東國家等地。它也在國內與高速公路休憩站合作,讓途經此地的遊客都能夠購買享用,以擴大通路與顧客群。

四、統一糕點品牌

已有30年歷史的統一糕點品牌,推出新品牌「統一蛋糕屋」,在議題行銷上,首波以情人節商品為主,第二波在2009年母親節,將熱銷款蛋糕的包裝全部換新,以較卡哇伊的Logo,走年輕可愛路線,營造吃蛋糕的幸福感,企圖改變統一的老字號形象,以提升統一蛋糕的質感,貼近年輕族群。

五、奇華餅家

以傳統港式月餅著名的奇華餅家,新創「奇禮」品牌,以年輕人喜愛的新口味、現代感包裝,另闢新戰場;為增加與年輕消費者的接觸,通路策略更從原先的獨立門市,轉進百貨專櫃。根據消費者調查顯示,透過奇華餅家這些策略的轉變,奇華消費客層平均年齡已經從35歲到50歲為主,降至25歲到45歲。

六、亞太電信

亞太電信的品牌再造,是先推出全新「A+ 亞太電信」企業

識別；在品牌廣告方面則邀請人氣球隊台啤籃球隊，擔任年度代
言人；在新的服務上，則製作出完全個性化的私房鈴聲 DIY、眞
人語音天氣預報，提供用戶可在網路端儲存、管理與備份個人通
訊地址資訊服務的手機備份通；以手機方便、及時、快捷獲取網
路上，各種資訊與娛樂的 RSS 新聞直達車等，讓用戶享受更豐富
的行動樂趣。

七、摩托羅拉

　　創立於 1928 年的摩托羅拉（Motorola），原本是一家賣電
池整流器的公司；1950 年，它已經是軍事、太空、商用通訊的
領導者；1983 年，它發明了無線通訊系統裝置；1996 年，發明
可攜帶式電話。摩托羅拉一直是行動通訊的領導者，直到 1997
年，因爲忽視市場的變化，而拱手將寶座讓給 Nokia。公司再
造從 2005 年開始，將自己的名字減去一半，從 Motorola 變成
MOTO；推出極具設計感的系列手機，改造品牌形象（全球 300
位設計團隊人員），以簡單、豐富、誠實及驚嘆等 4 大設計原則，
用繽紛、經典、柔和及基本爲 4 大色系，持續推出讓消費者驚豔
的高辨識度系列手機。例如 V3 就是以稜角分明的造型取勝，凸
顯強烈、鋒利及有力的設計感，而 U6 則是主打圓潤的風格，強
調柔軟、細緻及曲線；改變自己不再是一家通訊公司而已，而是
一家提供「無縫隙」移動服務的公司；旗艦店採用創新設計、互
動佈局，爲消費者呈現全線產品的展示體驗區域；推出新形象廣
告；找到強大策略聯盟（微軟、蘋果、Oakley、雅虎以及 Cingu-
lar），將行動電話轉變爲全能的消費電子產品，把高速上網、儲存
個人音樂、播放電視節目、提供衛星定位，甚至無線信用卡功能

集於一身。

八、Coach

Coach 誕生於 1941 年，品牌再造是由品牌來引導企業，為了精準抓住消費者的需求，每年在全球進行二萬人的消費者市調，以準確規劃下一年度的設計款式與生產數量。進而將品牌重新定位為「能輕鬆擁有的年輕奢華品」，在這個核心概念下，建構新產品理念，即 Fun（快樂的）、Feminine（女人味的）、Fashionable（時尚的）。

Coach 從製造、定價到通路，從前端的製造到後端的行銷，由裡到外徹底整合價值鏈。此外則大幅降低成本（生產線拉至中國、印尼與土耳其等勞動力低廉的國家），採低售價，將省下來的資源分配到品牌行銷，以塑造高級品牌的形象（毛利每多賺 100 元，就有 37 元用於「設計、銷售與廣告行銷」）。

九、阿瘦皮鞋

擁有 50 多年老品牌的阿瘦皮鞋，對內爭取向心力的結合，對外則展現活力，取新潮的英文名字「A.S.O」，改變行銷風格，電視廣告不僅大打名模牌，還為品牌編了一首取其諧音「You are so beautiful」的歌曲。其他重要行銷如：（1）CI 的變更；（2）台灣阿瘦出刊；（3）活動的舉辦（如週年慶等）；（4）形象廣告（如策略性品牌活動）；（5）產品廣告（如顧客的心聲）；（6）PR 的贊助（鼓勵健走活動）；（7）創新產品的推出（如奈米抗菌鞋）。

十、櫻花公司

成立於 1976 年的櫻花，與消費者的溝通多半侷限在服務或

功能面的訴求。後來透過消費者調查研究，發現消費者對品牌的認同已轉移，不再取決於功能性的訴求，因此從情感面開始建立消費者對品牌的認同。同時建立主動的服務，來取代被動等客戶發生問題才進行服務，以及加值的服務（永久免費換網），並特別賦予維修的安檢服務人員，以「安全守護隊」的使命。在通路上，櫻花設立櫻花廚藝生活館；在既有的經銷通路點，則以專櫃的方式，展示新的櫻花商品。

天下沒有一種商品能永遠流行，要使老品牌愈老愈茁壯，關鍵就在於必須不斷跟著社會潮流變遷，推出對的新商品。目前有很多歷史沉澱的老品牌皆面臨如何重新崛起，與再現輝煌的嚴峻現實考驗。以上重新崛起的成功故事，恰好指出了一條路徑：將著眼點從注重品質和功能性，轉移到品牌形象的重塑，不斷地與消費者進行溝通（如廣告、通路、歌曲、包裝、形象、創新產品、加值服務），使老品牌永遠有新的感動。從機能的設計、外觀的創新、品牌的廣告、代言人的選擇，甚至售後的服務，不但都要讓消費者感受到企業所傳遞的品牌情感，從而啟動消費者對品牌新的熱情；更要進行全方位的總體設計，讓消費者「體驗」新的品牌價值。

第七節　金融海嘯下的品牌策略

金融海嘯襲擊全球經濟，需求急凍，市場又混沌不明，可說是 1929 年以來的最大危機！2010 年 2 月初儘管景氣略有復甦，但義大利、西班牙、希臘等國所產生的經濟風暴，都使得有效需求，受到嚴重衝擊。

　　景氣大好的時候，很多公司都能跟著水漲船高。不景氣時，則需要清楚的策略。尤其是全球經濟體，在牽一髮動全身的情況下，各國無一倖免，股市狂瀉，基金腰斬，甚至銀行倒、理專跑、投資人一片哀鴻遍野。整個金融危機的連鎖效應是全球性的，企業很難置身事外，不受影響。長期衰退可能造成公司無法渡過景氣寒冬，而被市場淘汰。常出現的現象是景氣衰退谷底，長期低迷不振→殺價競爭→毛利大降→營收大幅衰退→純利率接近零→公司現金流量停滯→經營苦撐、銀行舉債→營收仍然低迷→公司跳票、銀行抽銀根。在目前這樣漫長的景氣冬眠期，除中國這個世界工廠外，普遍來說，各國製造業的產能利用率，都大幅地降低，服務業的消費信心，也瀰漫悲觀之際，企業品牌應該如何經營？應該展開何種因應方案，才能使品牌脫困？以下提出十三項策略，以供參考！

一、強化品牌廣告

　　品牌的選擇，往往是消費者購買時的重要決定因素。品牌廣告可提高品牌知名度，此舉有助於消費者購買的可能性大增，因為消費者在購買時，通常會將具有深刻印象的品牌，作為購買的考慮組合。例如，購買球鞋就會聯想到耐吉（NIKE），小筆電會聯想到華碩、宏碁。經濟愈是不景氣，愈要進行品牌廣告，才有可能維持業績，甚至景氣回暖後，成為市場的主力品牌。

二、策略焦點

　　2008 年「消費者心目中理想品牌大調查」，發現過去只從「消費者」位階去討論品牌的高度，不過在金融海嘯打擊下，品牌拉高到「生活者」的層面，來提升日常生活的價值。所以企業應集

中有限資源，專心耕耘本業中的明星產品，形成策略焦點，同時將行銷和製造預算投入在最受歡迎、最有前景，和利潤最高的明星產品和品牌之上。

三、策略調整

我國品牌經營模式的特色大多致力於行銷來打造品牌價值，並將焦點放在增加企業知名度、增加產品曝光度等事務上。全球品牌大企業的品牌經營模式則是以創新為導向，運用產品研發、異業結合、商品授權、通路變化等方式，讓品牌價值獲得源源不斷的發展動力。例如，以通路經營為例，日本的 7-ELEVEN 已經開始販賣藥品，並提供現做的熱食服務，進行策略調整。

四、強調品牌價值

品牌經營模式往往將重心放在行銷，而缺乏產品創新的作為，因而品牌價值常面臨成長動力不足。值此經濟蕭條時期，則應以更多的資源投入消費者調查，以了解消費者理性與感性的需求，精確掌握消費者心理的黑盒子，提供消費者驚喜、獨特的服務，以突破消費者不敢消費的心理障礙。高單價冰淇淋 Cold Stone 總經理謝健南說，不景氣「強調品質，市占率會提高！」消費者在意的是，價格下的品質、質感是否相對勝出。此外，選擇價值感高的品牌通路，也是企業掌握「回歸基本價值」的重要策略。例如，自創品牌的王德傳茶莊，除了重金打造的總店外，產品只進駐五星級飯店與高級百貨。又如奇華餅家與新光三越、Sogo 的合作案，強調「高檔、限量」的策略。

五、發展新品牌

金融海嘯時期發展新品牌，既可取得成本較低的材料，又可網羅全球研發大廠菁英加入團隊，而原來市場強者相對變弱，不景氣對後發品牌來說，反而是較佳的切入點和時機。例如，裕隆集團發展的納智捷品牌新車；印度塔塔汽車（Tata Motors）2009年3月23日所推出的新品牌 The Nano「奈米」汽車，售價只有10萬盧比（約台幣六萬七千六百元）。「奈米」國民車，車長3公尺，車速最高每小時105公里。雖然沒有冷氣、電動車窗或動力方向盤，但其所帶來革命性的車價變革，將可扭轉汽車銷售低迷現象。

六、發展高階品牌

品牌必須擊中價格和價值感的甜蜜點（Sweet Spot）即價格低、價值感高，才能在經濟蕭條期，打破消費者禁慾的鐵牆。對消費者來說，品牌當然還是重要的，因為品牌曾經帶給他們消費經驗，但他們更在意品牌提供的「價值」。目前台灣企業擁有的多半是低階的品牌價值，往往缺乏高階的品牌價值。所以發展品牌價值是企業應走的路！

七、發展副品牌

往昔發展副品牌的目的，與景氣寒冬發展副品牌的精神，有其差異處。例如，以前 Toyota 的各種副名牌（產品系列），如Camry、Collora、Corona 等，是為了訴求不同的市場，像台塑生技繼三年前，自創專櫃保養品牌 Forte 後，又發展副品牌「Dr's Formula」，以搶攻藥妝保養品市場。不過在金融海嘯下所發展的副品牌策略，主要是為了不影響原品牌的高價尊榮地位，而以低

價副品牌的策略，來擴大並爭取市場占有率。發展英國茶連鎖系統的古典玫瑰園，成立 17 年來，首度發展副品牌「Rose-House Teapub」，就是爲了這個目的。

八、保留資金

短期內若無法有效開源，則只能節流、撙節營運費用與資本支出，以維持最好的財務狀況，謹愼管理現有的現金，甚至擁有更多的資金來渡過景氣寒冬。常見的做法是減薪、無薪假、裁員，甚至選擇斷尾求生，裁撤不賺錢的部門，力求資源效益最大化。

例如，擁有倩碧與芭比波朗等品牌的知名化妝品公司雅詩蘭黛，以降低庫存、凍結人事與員工獎勵等手段，總計 4 年省下了 4.5 億到 5.5 億美元的支出；萬泰銀行分行數從 61 家減爲 49 家，關閉 12 家分行，這是台灣首度有銀行大規模裁撤分行；全球最大晶片製造商英特爾公司，2009 年 1 月 21 日宣佈，將關閉位在美國和亞洲的 5 家工廠；GM 集團宣佈將出清 Suzuki 品牌持股；Ford 也有意將 Volvo 品牌，出售給中國的上汽集團；3C 品牌 Sony 的全球 18 萬名員工中，約有 8,000 人被裁員。在某些案例中，部分企業品牌爲保留資金，連對外行銷參展計畫都放棄，這種降低競爭力與曝光率的作法，有值得商榷的必要。

九、發展新價值

流行時尚教母、美國版《時尚》(Vogue) 雜誌女總編輯安娜·溫特 (Anna Wintour) 2009 年指出，在不景氣的年代，「價值」將躍爲主流，過度炫麗奢華、「太杜拜式」(too Dubai) 的時尚設計會被打入冷宮。發展新價值著重在產品面的創新思考，目前電

信、資訊軟體、硬體製造、工業電腦、數位內容及品牌通路等業者，重新思考相互策略聯盟合作的新方向，期望能以匯流概念，發展硬體、軟體、內容、服務。台灣花王在不景氣時，提出東方美的新美學訴求，為洗髮精帶來不一樣的品牌形象。摩斯漢堡則推出「點套餐，送新品嚐鮮券與熟客回味券」的優惠。

十、降價

不景氣時，有些人認為價格是品牌價值最重要的表現。如果降價，會影響品牌的形象，絕不可以輕易改變。所以降價一定要有充分理由，否則將對品牌造成傷害。不過在百物齊漲、薪水不漲的大環境下，塑造出低價高品質（高貴不貴）形象，並願意提供產品的終身保固，對消費者產生較佳的形象，可能是突破困境的重要途徑。

十一、強化行銷

有的品牌會將衰退的責任歸咎於整體環境的不景氣，俗話說：「沒有不景氣，只有不爭氣。」爭氣是指有策略、有智慧。例如，2009 年，知名烈酒品牌皇家禮炮推出集點活動，集滿 12 點，即可獲得限量皇家禮炮金箔水晶杯乙組。此外，網路行銷也是可強化的面向。只要設計良好的網頁，就可以創造更多商機、蒐集重要的市場、客戶情報，成為使用者友善的客服介面，進而吸引客戶回流，並且提供流量資訊，以做為雙向的溝通工具。

十二、降低門檻

降低門檻的主要目的是希望讓更多的社會大眾，可以加入消費的行列。例如，紐約二十一俱樂部是華爾街附近的品牌餐廳，

只有打領帶、穿整齊西裝服飾的人，才允許進入消費。現在則降低了門檻，對於服儀上的要求多予放寬，不再限制。

十三、積極擴張

在景氣寒冬中，各種成本（人力、土地、資本等生產要素）幾乎都是最低狀態，如果積極採取擴張策略，一旦運用得當，當景氣復甦之後，將成為品牌市場的大贏家。

因為金融海嘯、歐盟債務危機、中國錢荒，一直偏重出口的台灣經濟體，可謂受傷慘重，消費空前低迷。目前企業 CEO 應積極思考的，並不是進一步削減成本的方法，而是尋找刺激企業持續成長的創新途徑。歷史經驗也顯示，面對危機時，刺激成長所帶來的財務報酬，遠高於削減成本。巨大集團董事長劉金標建議重新定位企業，且以短期急救措施、長遠產業創新發展策略，謀求突破，以具品味、創新的產品，提升價值，且要忠於核心本業，專心深耕經營，並把格局放大，焦點看遠。所以此際對企業而言，最重要的是重新思考整個企業體系，創造價值的結構性問題，找出能帶動企業持續成長的創新方法。

6

品牌溝通（品牌形象塑造）

第一節　品牌外部溝通

　　以 acer 品牌為例，這四個英文字母若要打造一個「不斷創新，因為用心」的品牌形象，則需長期與外界溝通並獲得認同，才能達成目標。品牌建立要靠持續的「溝通」，一個好的品牌，就像一本好的小說或一首好詩，能夠將人類複雜的思緒，轉化為簡單的語言。「溝通得當」將能讓品牌在消費者心中，建立出不被遺忘的地位，並進一步保障品牌的市場占有率。所以品牌的外部溝通，是不得不發、不得不成！

一、溝通迫切性

　　過去二十年來，由於社會變遷，消費意識抬頭，公眾對公共議題（如全球暖化、勞工權益、貧富差距、企業治理等）自主性提高，企業結構外部關係也趨於複雜（全球分工、外包、供應鏈管理等活動的結果），加上溝通工具及方式也變得極為多元且複雜，除傳統報紙、雜誌、宣傳品、廣播、電視外，二十四小時新聞台、網際網路、Web2.0 相繼出現，迅速產生龐大影響力，資訊不僅透過衛星或網路瞬間傳送到全球各地，消費者個人意見也能迅速傳播並集結成勢，產生壓力。企業的市場、生產、資金來源亦已高度全球化，迫使企業必須在最短時間內，快速回應來自全球的訊息，並依據全球化的訊息做出決策。

二、溝通對象

　　「品牌成功＝企業成功」，品牌成功要努力的面向多且雜，但與企業相關的利害關係人，包括投資大眾、主管機關、供應商、通路商、消費者、員工、媒體等溝通，卻是必要條件。其

中外部溝通的對象以消費者最為關鍵，如果沒有消費者的認同，一切的心血與努力都將付諸流水！美國產品發展管理協會（PDMA）調查顯示，新產品平均失敗率為 41%，凸顯多數企業並未做好與消費者溝通的重要經營課題。有溝通並不一定代表溝通成功，唯有達到品牌能被消費者信任，溝通才算有效。

三、溝通方式

　　企業要傳達品牌一致的訊息與感覺，來對外界溝通。例如，廣告中的調性（Tone & Manner）、形象的整合（例如 CIS 設計）及通路服務（含代理商）。要如何才能達到這個目標呢？最主要的是應從「顧客的感覺」出發，從「顧客的感覺」來整合，並由此引導出品牌命名、品牌建立、品牌行銷、品牌溝通、企業形象等，這是經營必備的知識與態度。

　　品牌形象其實是來自顧客的感覺，這個感覺是在購買前、交易中、購買後所有與品牌的接觸點共同累積建立起來的。例如，店面位置、店內環境、店內音樂、產品口味、員工服務熱情等接觸點，都能構成企業整體的服務價值與品牌形象。當然企業也可以和同行業的標竿企業比較，獲得靈感或可改進之處。

　　（一）突出：無論是服務或產品，務必在消費者心中留下難以磨滅的印象，其中最關鍵的一點，就是進行差異化、品質化、人性化，做到與眾不同，甚至讓消費者對於品牌承諾，與品牌實踐的感動，留下深刻印象。

　　（二）行銷展示：企業品牌標誌包括視覺形象。視覺形象比文字更易於為人們所理解與記憶。若能結合品牌標語，則對於創建品牌知名度，更易於消費者記憶與傳播。以往一般人所認知的

商標，僅是識別企業商品或服務的靜態內涵。如何讓企業品牌標誌透過各種行銷活動，例如，愛心捐獻、公關、廣告、互動行銷、直效行銷等，來創建或維持品牌知名度，就能讓標誌發揮主要作用。以明基 BenQ 而言，不只財經雜誌平面廣告可以看得到，就連時尚雜誌也可以看到，同時，又在台北誠品書店舉辦「跨年歡慶會」，在淡水的漁人碼頭舉辦「仲夏爵士夜」，與新浪獅籃球隊合組「明基新浪獅」隊等，這些都是具體對外的溝通方式。

透過有效溝通的方式來表達期望的核心訊息，其實就是讓消費者感覺到，如果欠缺這一家品牌企業所提供的服務或產品，對於消費者將是一項遺憾！若能達到這個程度，就表示這項品牌服務或產品對消費者的溝通是成功了！

第二節　品牌廣告

設計品牌廣告可由企劃過程開始，在規劃出品牌廣告策略方向後，再交由創意部門的相關人員，透過動腦會議的討論方式，形成廣告策略、創意策略、表現策略。品牌廣告策略規劃與執行的過程中，其影響因素包括：市場環境、競爭者、商品、目標消費者、客戶意見、定位、品牌形象、廣告目的、廣告策略、創意策略、立體廣告表現方式等。廣告的展現方式，隨著傳播技術的演進而日新月異，包括傳統的大眾媒體的廣播、電視、報紙、雜誌及看板等。此外，還有一些小眾媒體，如直接郵寄（DM）、促銷手冊、交通車體廣告、車廂廣告等，而網際網路近年來也有快速成長的趨勢。以下針對品牌廣告的目的、方式、階段特色，及廣告代言人等重要議題加以說明。

一、廣告目的

廣告是企業與消費者間重要的溝通媒介，如何依據不同品牌，針對不同的消費族群採行適當的廣告型態，是相當重要的。廣告屬於「說服傳播」的過程，是由負責生產或提供這項產品的機構，將商品的資訊傳遞給消費者。其目的是希望消費者在看完廣告後，讓消費者不但感受到品牌的美好氛圍，也充分了解產品的特色，進而對該產品產生正面的態度，並激起購買的意圖。

恆義食品公司自創「中華豆腐」品牌，完全改變傳統板豆腐的形象，而以盒裝豆腐問市，其營運轉捩點是在民國 75 年間推出的一支電視廣告。當時是以「慈母心、豆腐心，中華豆腐與你心連心。」為拍攝主題，邀請當紅的「星星知我心」電視連續劇女主角吳靜嫻擔綱演出。廣告場景一開始，是一個母親提著一籃橘子，準備步上火車月台，送給即將赴外地工作的小孩；但踏上階梯時，因心有牽掛，不慎把籃子打翻，她又氣又急地撿好橘子後，匆忙跑上月台，卻發現火車已駛出。這時，當母親露出懊悔的表情時，小孩卻在後方出現。這支成功將「慈母心」與「豆腐心」緊扣在一起的溫馨、感人廣告，播出後知名度暴紅，那一個月，中華豆腐營業額呈倍數成長，國人對盒裝豆腐的接受度因而大開。

二、廣告手法

廣告的創意與製作應該要精緻和人性化，貼近人群、貼近人心，才能令人印象深刻。廣告絕不能為了創意而忽略產品，尤其是品牌第一次推出市場，更應該對產品進行充分的展示。把產品的價值與重心講清楚，並作為整個創意的主角，加以放大！因

此，運用現代科技來強化廣告效果，是有其功能性與必要性。目前科技極為進步，所以可以在巨型廣告的畫面上，或者在廣告牌周邊安裝小型的監視器，以了解看廣告人的性別、年齡和族群。根據即時獲得的情報，巨型廣告看板的畫面可立即更換廣告，播出適合看廣告人的可能需求。例如，廣告監視器如果發現，看廣告的是一名男性，就會自動更新電子廣告畫面，此時可能會出現如刮鬍刀、皮鞋等男人所需的相關產品；如果看廣告的是女人，廣告就可能變成化妝品、保養品等廣告，來滿足潛在消費者。

常用的廣告手法，有形象廣告、比較廣告，以及常見具體說明的廣告。

（一）形象廣告：消費者行為出現了非理性的傾向，加入了感性、個性、文化的因素，於是在螢幕上常看到一幕幕的情節，它們雖然是廣告，但往往看不到商品的功能、價格。感性訴求帶領消費者進入戲劇狀態與情感狀態；商品廣告逃離了商品，也脫離了實體。例如全球人壽以溫馨的手法，推出「照顧」主題的企業形象廣告，用意是希望提醒在照顧家人的同時，也別忘了要照顧好自己，其中至親之情不言而喻。

信義房屋的形象廣告，也是走溫馨路線，原本信義房屋的廣告是強調「幸福感」，在民國八十六年上半年，信義房屋推出新的電視形象廣告：感情受挫的女主角，回憶起和男友一起看房子的往事而傷心落淚，旁白說到：「當初以為一起找的房子，會永遠在一起，直到那天，我才明白他並沒有這麼想。」隨著劇情發展，女主角找到了屬於自己的新屋，重新找回自己的幸福，此時，巧妙的旁白話鋒一轉：「以為再也不會相信任何人，卻發現還是

有些人值得信任。信義房屋，信任帶來新幸福。」

（二）比較廣告：比較廣告即是品牌利用挑戰的訴求方式，針對兩個或多個競爭者，以指名或暗示的手法來比較類似產品屬性的優劣。比較廣告可使挑戰者在消費者心目中，和領導者的距離拉近，甚至同時並存，想到領導者就會聯想到挑戰者，以此方式增加挑戰品牌的知名度。重點在於所比較的事物、特點確有事實根據，且是在相同的基礎或條件下比較。比較的內容如果是消費者所關心的，則更易激起他們的注意和認同。不過有學者認為此種廣告方式會產生諸多問題：（1）品牌名稱混淆；（2）造成消費者的反感；（3）誤會訊息的內容。此外，使用比較廣告時，也必須要作審慎評估，並同時考慮下列因素：（1）消費者是否能了解廣告中的比較；（2）比較是否具相關性；（3）品牌名稱及訊息內容的溝通效果；以及（4）對廣告的反應。

三、階段特色

通常，品牌都有其生命週期，不同週期的廣告與重點應有不同的做法。

（一）誕生期：誕生期廣告對象主要是易於接受新知與刺激的創新者，即收入高、有冒險精神、樂於接受新事物的顧客群。引導產品打入市場，喚起市場潛在需求，在消費者或用戶中建立一種新觀念，讓人們了解其特殊的優點。此時的說服性廣告應從理性的角度切入，並以悠久歷史和成就為產品背書。

（二）成長期：產業的成長期是建立品牌的最佳時機。此際應著重宣傳其生產經營的一貫宗旨和信譽，讓消費者使用安心。

（三）成熟期：成熟期是百家爭鳴、競爭最激烈的時期，如

何確保品牌地位，尤賴廣告功能的發揮。此時應凸顯出品牌長期的承諾與核心價值，給人以溫馨、關懷的信賴感。電視媒體是社會大眾每日幾乎都會接觸的，所以成熟期的廣告應將資源投入在這個領域。

（四）衰退期：可能是因產品替代，或景氣的緣故，此時在廣告的創意上，最好從消費者最在意的議題切入，而且以情感層面著手爲佳，因爲理性訴求到這個階段，已經沒有空間。如果理性訴求還有空間，表示所處的階段是問題階段，只要能有效處理問題，就能逆轉勝。

四、廣告代言人

品牌代言人，是指品牌在一定時期內，以契約的形式，指定一個或幾個能夠代表品牌形象，並展示、宣傳品牌形象的人。廣告中使用的代言人（Spokesperson）或推薦人（Endorser），能迅速塑造廣告主形象，使得廣告主的品牌名稱、形象，能迅速地成爲消費大眾記憶的一部分，而達到廣告的目的。

廣告代言成功的基本條件是，這項品牌產品的品質要符合消費者需求。否則品質有問題，找任何人代言都將無效，例如，現任代言人的陳昭榮，以及前任代言人徐乃麟，都誇大跨國業者史雲遜（Svenson）護髮中心的功能與作用，但是 2008 年 12 月初，被踢爆治禿頭無療效，受害者將史雲遜銷售的三種護髮水送往化驗，化驗結果發現，每瓶五毫升護髮水中，高達九成九成分是水和乙醇（酒精），護髮水每瓶成本不到 5 元、售價 1,200 元（含 100 元服務費），卻無治療禿頭的效果！

廣告代言人的主要的分類有四種：名人（Celebrity）、專家

（Expert）、公司高階經理（CEO）、典型消費者（Typical Consumer）。專家的說服力主要來自「專業性」，名人說服力主要來自「吸引力」和「知名度」，公司高階經理說服力，主要來自「專業度」；典型消費者說服力，主要來自「相似性」。當廣告公司要找產品代言人時，必須依代言人本身的形象、個性，是否與品牌個性及廣告所要溝通的目標對象相契合。

運用廣告理性訴求與廣告代言人的組合，對消費者的購買意願、行動，會有較佳的說服效果，並且能提升廣告的可信度及專業度。這種效果尤其是消費者，對廣告代言人有好感，且代言人和產品間緊密結合，而消費者又不排斥該產品時，此時推薦的效果最顯著，因為一致性的力量，更會加強消費者對產品的好感。

（一）雅芳（Avon）：2008 年雅芳（Avon）為提振營收、增強消費者品牌形象認同，廣邀好萊塢（Hollywood）大明星代言，尤其自從奧斯卡影后莉絲·威斯朋（Reese Witherspoon）擔任雅芳首位全球形象大使後，雅芳業績更有明顯成長。

（二）COACH：美國著名品牌 COACH，2008 年為亞洲區找來年輕女星凱特柏絲沃（Kate Bosworth）當代言人。高雅中不失輕鬆的氣質，讓人眼睛為之一亮，也提升了 COACH 的品牌形象。

（三）勞斯丹頓（ROSDENTON）：台灣手錶產業勞斯丹頓，找來當時紅遍南台灣的「台灣阿誠」連續劇男主角陳昭榮，擔任品牌代言人，打出總裁系列「錶中勞斯萊斯」口號。當時電視廣告中，畫面果真出現一部勞斯萊斯禮車，這時手戴勞斯丹頓手錶的陳昭榮，開車門走下來，廣告內容巧妙搭配台灣阿誠的總裁身分，立刻讓觀眾完全融入廣告情境中。電視廣告每天強力放送，

再加上一個月 40 檔電視購物台檔期，勞斯丹頓品牌的印象，很快深植消費者心裡。

（四）Diageo：以「約翰走路」（Johnnie Walker）的品牌，聞名全球的帝亞吉歐公司（Diageo），重金禮聘旅美大聯盟投手王建民，擔任理性飲酒大使，從 2008 年 12 月中旬起，展開一系列推廣理性飲酒活動，希望透過健康形象為品牌加值，並刺激帝亞吉歐旗下品牌的銷售量。

（五）舒酸定牙膏：「專業牙醫師推薦」，以及將產品定位在「抗敏感」的訴求上，使得舒酸定牙膏，在牙膏市場異軍突起。這充分顯示醫師的專業性，提高了該產品的可信度，再加上產品定位清楚，在一致性力量下，快速獲得消費者信賴。

設若消費者原本並不喜歡該產品，但他對廣告代言人有好感，此時消費者便處在認知不平衡（或不相稱）的狀態，不平衡會引起心理焦慮，驅使他改變認知結構。結果不是降低對代言人的好感，就是增加對產品的好感；如果他選擇了後者，這就達到了推薦式廣告的目的。但也有一種現象是，消費者過於注意到的是名人，而非品牌，這時代言人就無法幫助品牌形象的提升。

品牌廣告除了要注意代言人之外，廣告內涵一定要「戒欺」，更不能有「不倫」的廣告，否則對品牌將是重大、且不易扭轉的長久傷害。

以 2005 年肯德基（Kentucky Fried Chichen, KFC）的不倫廣告為例，肯德基可說是世界最大的炸雞快餐連鎖企業，它的標誌已成為全球有口皆碑的著名品牌。但是 2005 年台灣的肯德基竟然從事不倫的廣告。當時肯德基透過「這不是肯德基」的軍中探

親廣告，把捍衛國家的士兵塑造成由於探親的家人帶來的不是肯德基炸雞，而直接做出在地上哭鬧動作的幼稚形象。肯德基以為這是好玩有趣，且迎合年輕人的口味，殊不知這已嚴重傷害毀損國軍的形象！國防部也緊急聯繫，但該公司非但沒有遏止該廣告，後來又為了推出新產品，變本加厲地繼續推出第二支廣告「您真內行」，更直接挑戰中華民國軍官的領導形象，這次廣告裡的人物是士兵看到長官走過來，還故意拿出該商品炫耀一番，食物的美味就連軍官都要致意。

肯德基的創辦人是哈蘭桑德斯，肯塔基州為了表彰他對家鄉作出的貢獻，授予他桑德斯的稱號。如果桑德斯上校看到他的企業是透過這種嬉笑怒罵的玩笑方式，來踐踏欺負軍人形象時，不知此上校軍階還有何意義？我們不禁要懷疑，肯德基敢把這種廣告主角換成美軍、英軍（最自由民主化的國家），在美國或英國播放嗎？還是換成以色列軍人或中共解放軍，在以色列及中國大陸播放呢？如果不敢，為何要踐踏國軍呢？

第三節　品牌內部溝通

品牌背後的態度，決定了消費者的經驗；而消費者的經驗，則決定品牌表現的優劣。品牌不只是做出承諾，重點是必須「遵守」承諾，並將此承諾傳達給消費者，這就表示每位員工都代表品牌，必須實踐並「遵守」承諾。在客戶的眼裡，每個員工就是公司。所以品牌價值的創造，除了高階主管的政策推動，管理階層的決心與支持外，前線員工的參與是不可獲缺的關鍵因素。公司行銷工作儘管做得再好，如果員工服務態度有瑕疵，品牌形象

也會受到影響。因此，一個指望以服務致勝的品牌企業，必須足夠地關注自己的員工。只有滿意的員工，才會做出讓客戶滿意的事情來。因此，信奉「服務至上」的公司都知道，提高員工滿意度是管理者需要做的最重要的工作。

不過不可思議的是，不少企業根本不做員工訓練。因為害怕訓練完員工後，一旦有人離職，就會造成公司的損失。然而不訓練的結果，表面上是消費者成了犧牲品，實際上是對準備要發展品牌的企業造成了極重的致命傷。如果不提升員工服務的熱忱、不重視員工的滿意度，最後就只能買到按時或按日計算的技術操作，不僅僱用的員工失去了為消費者設想的熱情，與全心投入的創造性思維，甚至還可能出現缺乏職場倫理的員工，在背後搞小動作，進而影響整體品牌的形象。例如，根據 2009 年 2 月 3 日的新聞指出，復興航空 3 名旅客在餐點裡，發現塑膠碎片，事後復興航空對外坦承是作業疏失，但後來卻傳出是空廚人員不滿年終領太少，所以在餐點內加料報復。要恢復品牌聲譽，品牌決策高層就需要從制度面，徹底全面地改進，並進行內部的溝通。

正面重視員工的例子是 2002 年世界盃足球賽，韓國隊一路踢進四強，為了保持高品質的產品，韓國三星品牌大廠毅然宣布，每逢韓國隊出賽就放假一天，以免員工心繫比賽而影響產品品質，造成品牌形象受損。

溝通（Communication）一詞，源自於拉丁字「Communis」，具有「分享」（To Share），或「建立共同看法」（To Make Common）的含意。今天企業正面臨了快速變化與競爭激烈的外在環境，為了追求組織成員的共識以達成組織目標，組織溝通的良窳，便成為一個關鍵的成功因素（Key Success Factor）。品牌理

念如果沒有溝通，就很難激起員工的努力，換言之，任何設計良好的服務提供體系都不可能實現。相反地，由於一個公司不能兌現承諾，所帶給客戶的傷害（有受騙的感覺），會比沒有承諾來得更嚴重！

一、品牌內部溝通方式

「遊戲橘子」的每位員工，都能用電子郵件直接與董事長劉柏園對話，甚至在一季一次的「全局總動員」會議中，每個人都能直接對劉柏園發問，內容不限工作、生活，甚至是感情問題，堪稱是組織溝通的最佳代表。由此可見，組織的成員所共享的系統，可以左右員工的行為。

人的個性是持久穩定的特質。組織也有個性，組織的個性就是組織文化（Organizational Culture）。組織文化是組織成員持有的共同知覺，是分享意念的系統，可決定組織成員的行為。組織文化能影響員工的行為表現，是塑造員工勤奮或懶散、嚴肅或友善、合群或孤獨的決定因素。企業成員學習組織文化的過程，尤其對於新進員工而言，企業可善用非正式的人際網絡或活動等，來讓員工了解企業所重視的文化，而不只是上課或單向地教授。

重視員工參與，讓員工有發揮創意、提出想法的機會，同時組織內成員能展現出友善親切的態度，樂於互相溝通及協助；而領導者亦能適當地監督員工的工作績效，定出明確規範令員工遵循，並給予適時的激勵，員工自會積極自發性地表現出有益組織之行為，創造良好組織績效。

依溝通流向不同，可分為四種。

（一）下行溝通（Downward Communication）：依據層級體

制，上級將品牌訊息傳給下級的過程。通常為主管向部屬傳達命令、政策、提供消息、給予工作指示的手段，其溝通的內容，為組織內部溝通最主要者。事實上，產品和服務對消費者而言，都是屬於外在的，而體驗是出自消費者內心的感受，影響這種感受，最重要的是內部的員工。阿瘦皮鞋將品牌理念傳達給員工的做法，則是格外的特別！它要求公司每位員工都要有一本由董事長羅水木先生執筆的《台灣阿瘦》，並要考試，藉此來凝聚全體員工的向心力，進而加深對阿瘦品牌承諾的認知。但是一般而言，品牌企業的下行溝通，常易造成品牌訊息的失落、歪曲、誤會及被冷淡處理。

（二）上行溝通（Upward Communication）：所謂上行溝通，即組織中的下級人員，向上級人員表示品牌意見、態度的程序。當組織的品牌政令或措施發布後，可透過上行溝通，讓主管人員測知部屬反應以作修正。組織應該鼓勵上行溝通，因為上行溝通可以將第一線的品牌狀況回報給品牌決策小組，以利品牌後續品牌策略擬定。

（三）平行溝通（Horizontal Communication）：平行溝通是組織中，各階層橫向的品牌資訊流動，因大多數發生於不同的指揮系統，故又稱為跨部門溝通（Cross Communication）。平行溝通最主要的目的是，協調品牌工作、解決品牌問題、分享品牌資訊、化解衝突等。平行溝通是組織中存在的溝通方式之一，通常存在於各不同部門間平行單位的溝通。

（四）斜行溝通（Diagonal Communication）：斜行溝通即指組織內不同層級的單位或人員間的溝通，亦即不同單位且職位不相當的人員間之溝通。此種溝通方式如果應用得宜，將可減少因

層級節制所耗費的時間，也可簡化作業流程。

二、溝通內容

　　品牌承諾的實踐，須仰賴整體企業共同完成。所以要讓品牌設計的精神、特點、主軸，與目前競爭者的差異，能更深切地傳達給公司全體同仁，以建立團隊內部的共識。發展品牌的過程中，誠信服務顧客是最高指導原則。尤其與客戶接觸的第一線銷售人員，更需專業甄選與培訓。一般公司教育訓練的內容常與品牌無關。成功的品牌管理，必須整合體制內的訓練資源，透過訓練部門將品牌文化，深入每一位員工心中，特別是第一線的服務人員，讓他們成為品牌的代言人，這就是品牌的「內部互動行銷」。

　　《黃金服務15秒》（*Good service is good business*）一書指出，消費者從當下任何一位店員那裡接受到的服務水準如何，就決定了品牌的生死。因此要如何才能讓第一線員工，為品牌奮鬥與努力，基本上，就要在制度上有所建立。

　　就整體而言，品牌若要能深入人心，勢須建立為消費者創造價值的能力，培養為消費者解決問題的能力，展現品牌專業的能力，對於消費者應對的態度，以及品牌規範這五個面向缺一不可。在強化實力方面，則是規劃管理相關品牌課程，讓員工因實力的提升，而能在品牌承諾的實踐上，有更突出的表現。至於「品牌規範」則是品牌的憲法，這是規範員工行動（對內策略），同時也是具體展現對顧客的承諾。品牌規範的內容，可以讓品牌價值具體化。

　　顧客服務、價值傳遞，和公司內部功能，可以被用來衡量品牌承諾的實踐成果，這是傳遞品牌承諾的第一步，所以一定要謹

慎。iPhone 行銷成功，其實是整個蘋果公司（Apple Inc.）的動員，包括研發人員的努力、公司人員對外的發言、門市人員和消費者的接觸，都能確保每一個行銷活動和消費者體驗的一致。要達到此目標，企業可以運用顧客品牌經驗調查，追蹤企業內、外部接觸點的績效表現，隨時變更策略計畫。最重要的是，重點要放在品牌忠誠度和維持度的衡量。至於知名度、聯想性、品質認知程度，則以長期品牌權益的關鍵因素來處理。

常見的失敗現象可細分如下：（1）品牌專業性不夠，員工常常一問三不知；（2）品牌企業缺乏對第一線服務人員相關的危機處理訓練；（3）第一線員工過於被動，都是被要求後才來進行服務，以至於被客人打擾時常會露出不悅之色；（4）客人不買東西，可能會翻臉；（5）愈接近下班的時間，服務就愈打折扣！事實上，對顧客的服務，是不能找藉口的！雖然過程中有很多因素是無法掌握的，但顧客不會考慮到這是公司內部，或上下游零件廠商的問題。對於客戶所拋出的各種問題，員工都應先對他們的意見表示感謝，隨後展現出立即處理的誠意，並且訂定客訴處理原則與時間表，讓內部人員在客訴後，第一時間內提出具體解決方法，以避免事端擴大。最後，還要確認客戶對客訴處理的滿意度，以了解處理措施是否有效，同時有助於加深客戶好感。

三、激勵

消費者不會關心公司發生什麼事才導致短少服務人力或緊縮預算，這些都不是服務差的藉口。消費者只重視當他們有需要的時候，接受到的服務好不好。但是在人力不足，或惡劣條件下，如何使員工仍能堅持品牌承諾、實踐品牌承諾？這就需要對員工

激勵！激勵歸納起來，不外乎兩種方法。

（一）合理的薪酬制度：由日本「博報堂品牌諮詢顧問公司」出版的《圖解品牌》（2006，李永清譯）一書中，提到企業要把品牌帶來的收益回饋給企業員工，經由獎勵的方式，讓員工了解到：對顧客的經營，不只能爲公司帶來利潤，也能使自己受惠。總之，個人的需求是多層次的！物質需求只是最低層次的需求，而薪酬的激勵作用也有限。有時過於制度化，就會變得僵硬，不一定能因勢利導！

（二）從人性出發：藉著榮譽、使命、競爭、溝通、生存、危機、興趣和空間，來帶給企業員工實踐品牌承諾的強大行動力。提升榮譽感的方式，包括對於品牌承諾表現優秀者，在區域會議給予公開表揚，並公布於對外刊物中，讓員工因爲榮譽感而提升戰鬥力。

第四節　企業服務政策與流程

顧客的滿意服務，除了服務人員心態與技巧外，更需要服務流程的制度化與標準化，才能有效支撐品牌承諾的踐履。例如，品牌企業對於處理議題的速度與方式、處理客訴抱怨的授權、快速回應的能力、對顧客的尊重與信任等方面，都可以讓消費者印象深刻，甚至感動。流程處理服務的績效，最主要觀察的策略性指標，如：準確性、及時性和高量服務能力的效率。一般來說，企業對外運作採標準化的服務，可以改善品質、強化品牌形象，建立客戶的信任度、滿意度、忠誠度。例如有些公司在內銷市場，一直無法把品牌建立起來，沒有建立標準化的營運模式，可

能就是關鍵所在。當然,標準不是死的,它只是協助彈性處理商業運作下,更容易取得一致性的方法去應變。

　　以下就企業服務政策與流程中,品牌的一貫化服務過程,作為規劃參考的中心點。

一、服務過程

　　八十年代開始,服務的浪潮大規模地席捲了行銷市場。企業意識到,服務不僅是一個附加價值,而且也是一個重要的競爭優勢。唯有秉持真誠的原則,去滿足消費者真正的需求,建立長遠的合作關係,才是致勝之道。事實上,消費者既關心企業或品牌所代表的產品與服務,同時也在意企業或品牌提供的服務,與顧客的溝通、購物環境等任何接觸點的體驗和感受。這些都是企業提升和維護公司形象、品牌價值、品牌資產所要考慮的重要因素。所以在服務過程中,進行與消費者接觸的管理計畫是有必要的。

　　接觸管理是指在某一個時間、地點,或某種狀況下,企業可以決定何時(When)、如何(How)與消費者接觸,與接觸的內容(說什麼內容,What should be said)、接觸的方式、要和消費者溝通什麼,及所訴求的主題(What)。品牌企業可以利用各項調查來監控品牌接觸點,以確實遵守承諾。一旦發現品牌形象與承諾間,出現差距便盡速處理,發展新策略計畫,以縮減其間的差距。持續監控企業內外部作業,隨時做變更以服務顧客多變的需求。

　　(一)銷售前:銷售前常發現品牌組織的問題有:(1)業務人員缺乏銷售高附加價值的服務能力。(2)產品事業單位與服務

事業單位，相互掣肘。（3）服務流程設計過於繁複，沒有效率，顯得不夠流暢。（4）針對個別客戶，進行的客製化解決方案成本太高。（5）所需的新知識與新能力，無法順利引進舊組織。

　　以上這些問題要由品牌決策高層完整徹底從制度、文化等根本改變。事實上，要建立品牌不一樣的感受，不僅需要全公司從產品設計、業務人員訓練、顧客服務設計等著手，與顧客有所接觸的每一個細節，都要仔細認真地思量，最後更應該統一規劃。然後透過品牌策略的建構，作有系統的傳達。反之，當產品傳達出去的感受，如果沒有經過策略的規劃，可能無法呈現給消費者所希望傳達的印象，因此顯得非常雜亂。此外，銷售前最主要的是掌握消費者需求，及進行品牌溝通。對銷售人員來說，傾聽最重要的功能，就是發現客人的需求，而非對消費者單向的灌輸填鴨教育。

　　（二）銷售時：品牌絕對不是抽象的東西，而是消費者的經驗感受。例如，由經過專業訓練的推廣人員，在賣場中穿著特別設計的服裝，以及在配合展示器材下，笑容可掬地將商品介紹給目標消費群，讓他們親身體驗商品的特性，及對消費者的利益。這一部分特別適合新品上市、商品促銷，及鼓勵消費者做品牌轉換時使用。在銷售過程中，對於品牌特質的解說與消費者對品牌的體驗，都攸關品牌爾後發展。

　　有一個相當極端的例子，就是發生在 2009 年 1 月 31 日，肯亞首都內羅畢市中心。當時有一個超市被大火燒毀，而且造成 22 人死亡、47 人失蹤的悲劇。為什麼一場火災會造成這麼嚴重的災難呢？原因是消費者準備逃生，但店員卻堵在門口要求先付錢，顧客因無法付錢，最後全被燒死在超市裡面！

（三）銷售後：消費者對於品牌效益的評估，將是未來重購的參考。為確保品牌完整的效益，售後服務是建立品牌最重要的一環。企業若願意長期投資在提升服務上，必然有助品牌競爭力。例如，明基建立「兩天內維修完畢取貨」的售後服務原則。

銷售後，待客戶抱怨被有效解決，最後則進入作業流程的檢討，及客訴內容的分析，評估該個案是純屬客戶本身問題，或是企業提供的產品服務有問題。如果是後者，則會重新檢視作業流程，訂出改善策略，避免重蹈覆轍。

二、第一線員工能力與權力

前北歐航空總裁卡爾森在 1986 年出版《關鍵時刻》（*MOT, Moment of Truth*），「關鍵時刻」後來發展為服務界流行的一種管理概念和行為模式，即顧客接觸第一線員工的前 15 秒鐘，就能夠決定整個公司在顧客心中的印象。第一線員工是「關鍵時刻」的「關鍵人物」，卡爾森意識到，如果他們必須透過傳統的指揮管道，向上級請示，才能處理個別乘客的問題或抱怨，不僅會影響處理時效，更會陸續喪失忠誠的消費者。設若消費者提出的每一項要求，服務人員的答覆都是：「我必須請示一下」，消費者會滿意嗎？員工會滿意嗎？換言之，在第一線的服務人員，如果沒有獨立處理問題的權力，是不可能會有讓客戶滿意的服務。因此，在制度上應當賦與第一線員工有足夠處理問題的權力，讓他們有權處理個別顧客的特殊需要與問題。如果每一個「關鍵時刻」都是正面的，顧客忠誠度就會強化，進而為企業創造源源不絕的利潤。

三、服務心態

客戶對服務的滿意與否，絕大部分是一種感覺的問題。如果客戶的感覺只是「差不多」，並不足以產生差異化；唯有當服務水準領先對手達到一段差距，並讓客戶感受到明顯的不同，才能形成眞正的競爭優勢。通常，要做到遠比對手更好的服務，往往必須投入更多的成本。然而，絕大部分企業都是利潤導向、強調撙節成本爲中心的考量，並非凡事以消費者爲中心。小則把購物籃堆放在店門外，造成消費者出入不便；大則爲利而傷害消費者。也許企業剛開始發展品牌的時候，是戰戰兢兢、如履薄冰，完全以消費者的意見爲尊。但只要品牌發展成功，時間一久，就很容易培養出過度自信及忽略消費者需求的情況，更遑論在細節上照顧到消費者的便利。

近年來，雖然大多數企業一股腦兒追求品牌熱潮。可是，眞正獲致具體的成效的卻少之又少！因此，更需深入檢討現有的行銷系統與服務流程，正確引用新一代的品牌思維與技術，爲顧客、股東、員工，以及其他的企業關係人，創造最大的品牌核心價值與效益。

7

品牌價值

第一節　品牌價值計算

當初迪士尼把其設計的卡通形象米老鼠，同意印在一家玩具店的寫字檯上，並獲得了 300 美元，這是迪士尼公司從卡通形象所衍生產品中，取得的第一筆報酬。爾後品牌所帶來的授權價值，每年收入高達 10 億美元。由此可見，品牌所衍生的產品市場，蘊藏著巨大的財富。美國知名品牌公司皮爾卡登，為了進軍亞洲市場，開出的第 1 年品牌授權金約 1,000 萬人民幣。

對於品牌價值，不同學者有不同的重點強調，施振榮先生提出「品牌價值＝品牌定位 × 品牌知名度」。對 Keller 學者來說，則著重品牌知名度（品牌認識、品牌回想），以及品牌形象（品牌聯想的類型──屬性、利益、態度；品牌聯想喜愛程度；品牌聯想強度；品牌聯想獨特度）。Aaker 則著重品牌忠誠度、品牌知名度、知覺的品質、品牌聯想，以及專屬品牌權益。當然，除此之外，也與其背後團隊、客戶基礎、公司盈虧記錄、市場成長性都有相關性。例如，以巨大為例，根據 Interbrand 調查，捷安特的品牌資產，可歸納為四大面向。第一是自主製造，消費者可以確信每部自行車，都是由巨大生產體系產出的；第二是穩固品質，因此才能贏得頂級車隊的採用，如連續三年冠軍的 T-mobile 車隊，選擇跟巨大建立長久穩固的合作關係。第三是創新能力，擁有全球第一量產碳纖維車 TCR、電影 I-Robot（「機械公敵」）的 Prodigy，與未來概念舒適車 Revive、全方位整合避震系統 Maestro 等創新技術與概念車種，累積了高科技的品牌印象；第四則是完整產品線，多樣、齊全品項滿足各式各樣的消費者需求。由這四方面可知，品牌資產與品牌價值，是要經過企業

多方面的努力投入,才有以致之。

　　近年來,國際上針對品牌價值,發展出最具知名度的幾種品牌鑑價主流,包括廣爲英美兩國證券交易所接受,由英國品牌顧問公司 Interbrand 所發展出的方法;德國 BBDO 廣告公司的品牌鑑價模型;以及日本政府 2003 年所發表的 Hirose 品牌鑑價模型,以及中國大陸提出的新模式,大致有以下七種不同方式,這些鑑價模型,都是根據企業公開的財務數字,來計算品牌價值。以下就這些方式,加以說明。

一、英國 Interbrand 公司評價法

　　英國 Interbrand 公司 1974 年成立於倫敦,目前總部設在紐約,全球有 29 個分公司,自 1980 年起開始進行品牌鑑價,累積超過 5,000 家企業。自 2001 年起與《商業週刊》(*Business Week*)合作,對全球品牌價值進行評估,主要業務在提供政府及企業的相關顧問服務,是當前國際品牌價值計算最有影響力的公司。它每年會與《商業週刊》合作,發佈「100 個全球最有價值品牌」。「2008 年台灣國際品牌價值調查」,主辦單位雖是由經濟部國際貿易局、中華民國對外貿易發展協會來執行,但實際上還是由英國品牌顧問公司 Interbrand 公司來承辦的。

　　Interbrand 品牌價值計算公式的精神,可分爲四大方面,(1)進行財務分析(Financial Analysis),從該企業的總營收中,計算出該品牌的無形收益(Intangible Earnings);(2)進行品牌角色指標分析(RBI Analysis),這是從無形營收中,計算出該企業的品牌營收(Brand Earnings);(3)進行品牌強度指標分析(BSS Analysis),從品牌營收中計算出品牌折價比率(Discounted

Brand Earnings）；（4）將品牌的淨現值（Net Present Value）進行
加總，得出該品牌的品牌價值（Brand Value）。

品牌價值計算公式為：

$$品牌價值 ＝ 品牌收益 × 乘數$$

・品牌收益：品牌收益係由該品牌稅後的年收益，減去產業平均
利潤率求得，該利潤前三年加權平均。

・乘數：通過七項因數計分求得，具體因素包括如下：（1）領導
地位（Leadership 25%）：主要是該品牌市場占有率；（2）穩定
性（Stability 15%）：主要是品牌存在歷史長短；（3）市場特性
（Market 10%）：快速消費品比工業、高科技品牌價值高；（4）
國際化（Geographic spread 25%）：國際性品牌比地方性品牌
價值高，「國際化」、「擴張度」、「品牌國際導向」等皆是在說
明品牌產品具有國際性而非只是本土性品牌；（5）潮流吻合
度（Profit Trend 10%）：是否符合長期趨勢發展；（6）支持度
（Support 10%）：獲得公司支持程度；（7）受保護程度（Protec-
tion 5%）：保護商標註冊及智慧財產權等情況。

1974 年，Interbrand 公司成立，並創立了當前的方法，該方
法首先確立了品牌價值是基於利潤上的價值，並非是收入上的價
值。簡言之，品牌價值來源於品牌超額利潤，而不是超額收入。
品牌價值的測算基點是該品牌利潤率超出產業平均利潤率的部
分。其次，它還首先提出了品牌實力的測算模式，精確地歸納出
品牌在市場中的表現。該公司提出了七個可衡量的變數，讓品牌
價值由感性走入了理性。

以 Interbrand 公司為首的品牌價值計算方法，存在幾個重大

缺陷：

1. 品牌收益測算不足：品牌價值的來源，不僅是品牌賣得貴，還在於品牌賣得多。品牌價值，除了得自於品牌超額率利潤，還應該來源於品牌超額市場占有率的利潤。

2. 公司品牌和產品品牌不分，用一個公式或同樣的指標測算，不太合乎科學。

3. 對品牌狀態評估不足：品牌的狀態，對品牌價值產生重大的作用，應該作爲品牌的測算因素。但是以 Interbrand 公式，卻無法對此有效表示。

二、德國 BBDO 評價法

德國 BBDO 屬於 Omnicom（OMG）集團，在全球 76 個國家設立 345 個分公司，連續兩年被知名的國際廣告媒體評爲「年度最佳全球廣告代理商」。

德國 BBDO 評價法，主要是以市場品質、相關市場優勢、品牌國際導向、品牌地位、財務基礎等五項指標，作爲品牌價值計算衡量的關鍵。茲分述如下：

（一）市場品質：BBDO 在進行評價時，先將品牌環境的構成因素：銷售績效、淨營業利潤、發展預期，分別依 40%、40%、20% 的權重，合併爲「市場品質因子」。

（二）市場優勢：將相對競爭者的價格視爲顧客構面的衡量指標之一。

（三）財務基礎：將各財務型指標視爲財務構面的衡量依據。

（四）品牌地位：表現出顧客對品牌強度。

（五）品牌國際導向：追求新市場與顧客，爲品牌在全球發

展能力的指標。計算方式繁複不明確，衡量方式也較為主觀，例如，影響產品價值，除了品牌外，還有品質等多種因素。

三、Hirose 評鑑方法

日本政府有鑑於品牌鑑價機制的建立，能協助企業擺脫過去低價競爭策略，改而重視品牌、智慧資產的競爭策略，在不低估企業價值情形之下，期望透過無形資產鑑價機制的運作，以提升國家產業競爭力。因此，委由早稻田大學廣瀨義州（Yoshikuni Hirose）教授負責主持，其研究委員共 28 名，包含大學教授、會計師、律師、企業人士、金融機關研究員等相關專業人士，研究期間陸續完成 Hirose 品牌鑑價模型，及其相關報告。

廣瀨義洲是日本產經省品牌鑑價委員會主持人，也是 Hirose 模型發表人。廣瀨義洲表示，其實品牌鑑價方法並沒有優劣之分，但卻有目的性，不管採用的是「量化」或是「質化」的指標計算品牌價值，只要是可以被檢驗的，就是客觀的。他在發展品牌鑑價模型時，捨棄了質化的指標，採用了符合稅法的「移轉計價」，以及會計公認準則的量化指標，將品牌權益的概念區分為品牌溢價力、品牌忠誠度、品牌延伸力等三個指標，並利用財務報表上的歷史數字推估出未來的現金流量，以顯示品牌價值。

（一）品牌溢價力（Prestige Driver, PD）：溢價力是指因為品牌的關係，企業可以用比競爭對手更高的價格賣出產品。反映在財務報表上，溢價力愈佳，帶給企業的現金流量就愈高。在同一產業，產品與服務品質沒有太大差別的前提假設之下，比起沒有品牌力的競爭對手，具有品牌力的企業多賺的部分，就是品牌帶來的利潤（Excess Profit）。而由於銷售量愈穩定，成本的波動

愈小，所以銷售成本也可以反映溢價力。同時假設企業現在對於
廣告與行銷的投入，會帶來更多的品牌效益、更多未來的現金收
益，因此廣告花費等品牌成本也必須納入考慮。

　　品牌溢價力可分爲：（1）利用該企業過去五年度之銷售額，
與銷售成本的比值，減去基準（類比）企業銷售額與銷售成本的
比值，得出超額利潤率。（2）超額利潤率再乘上品牌起因率，得
出的結果稱爲品牌起因之超額利潤率，品牌起因率是以過去五年
的品牌管理費用，與廣告費用占營業費用的比率求得。（3）得出
品牌起因之超額利潤率後，再乘上最近一期之企業銷售成本，即
可得出價格優越度，其計算公式爲：

$$價格優越度＝超額利潤率 \times 品牌起因率 \times 本公司銷售成本$$
$$＝〔過去 5 年平均 \{（本公司銷售額／本公司銷售$$
$$成本－基準企業銷售額／基準企業銷售成本）$$
$$\times 本公司品牌管理成本與廣告成本占營業費用的比率 \}$$
$$\times 最近一期本公司之銷售成本〕$$

　　（二）品牌忠誠度（Loyalty Driver, LD）：是指品牌長期讓顧
客重複購買的能力。反映在財務報表上，可表示現金流的穩定程
度。忠誠度高的顧客愈多，公司的營運就愈穩定，而穩定程度可
以從營運成本的狀況來看。表現在公式上，則是假設銷售量波動
愈明顯，銷售成本就愈高。

$$忠誠度 ＝（過去 5 年銷售成本平均值－過去 5 年銷售成本標準差）$$
$$／過去 5 年銷售成本平均值$$

　　（三）品牌延伸力（Expansion Driver, ED）：是指品牌從原

有的市場延伸到其他品項，以及海外市場的能力。在公式中的定
義，是指多品牌綜效產生的未來現金收益，並以銷售成長作爲預
估的指標。

擴張度＝（過去 2 年海外銷售額成長率平均值＋過去 2 年非本業
　　　　部門銷售額成長率平均值）

　　廣瀨義洲自 2002 年在國際期刊上發表 Hirose 品牌鑑價模型
以來，迴響很多，許多人認爲，計算方式符合會計準則，而且計
價方法透明而清楚，是這套模型最大的優點；但批評者卻認爲日
本 Hirose 評價法過於重視：（1）價格優勢（Prestige Driver）；（2）
忠誠度（Loyalty Driver）；（3）擴張力（Expansion Driver）。此
外，該評價法透過 5 年的財務資料來進行評鑑較爲客觀，但卻未
考慮未來性的發展。對於公式中的假設部分，例如廣告成本越
高，未來品牌價值可能越高，也不符合實況，品牌的價值與產品
生命週期、其他銷售策略都有關係，公式有再修正的必要。

四、北京名牌資產評估有限公司計算方法

　　北京名牌資產評估有限公司主要是中共整體資產、土地、房
屋、設備等各類有形資產，和品牌、商標、專利、特許權、行銷
網路、策劃專案、人力資源等無形資產評估的專業評估機構。該
機構在 1995 年 2 月，經中共國家國有資產管理局批准成立，直
屬中國資產評估協會管理。目前在中共評估界中享有極高的影響
力、地位和信譽。也是目前大陸唯一從事品牌價值比較研究的專
業機構。該公司主要運用定量分析的方法，研究名牌構成內涵，
與發展規律的資料與文獻專集。目前已是中共社會各界研究、發

展、衡量品牌的重要依據，也是無形資產評估理論的重要參考資料。其計算品牌價值的公式：

$$P = M + S + D$$

P 是品牌的綜合價值；M 是品牌的市場占有能力，主要以銷售收入爲指標；S 是品牌的超值占有能力，主要以超過同產業平均創利標準爲指標；D 是品牌的發展潛力，主要以企業的出口狀況、商標保護狀況、廣告支援、品牌的使用歷史等間接因素，通過對未來的潛力預測來計算。

五、世界品牌實驗室計算方法

世界品牌實驗室（World Brand Lab）是一家國際化的品牌價值研究機構。1999 年，成立於美國紐約，由號稱「歐元之父」，同時也是 1999 年的諾貝爾經濟學獎得主羅伯特‧蒙代爾（Robert Mundell）教授擔任主席，機構內的專家和顧問則來自哈佛大學、耶魯大學、麻省理工學院、牛津大學、劍橋大學等世界頂級學府，其研究成果已成爲許多企業併購過程中無形資產評估的重要依據。該實驗室獨創的評估方法，常被稱爲「品牌附加值工具箱」（Brand Value Added Tools）。以下將世界品牌實驗室計算的方法說明如下。

$$品牌價值 = E \times BI \times S$$

E ：調整後的年業務收益額。是通過對包括當年在內的前三年的營業收益及今後兩年的預測收益加以不同權重後，得出的平均業務收益。

BI：品牌附加值指數。運用「品牌附加值工具箱」（ＢＶＡ

Tools），計算出品牌對目前收入的貢獻程度，表現爲品牌附加值占業務收益的比例，這其中包含了對品牌附加值，在經濟附加值中比例的計算。

S：品牌強度係數。在考慮到產業及市場經濟發展的獨特性基礎上，提出了品牌強度係數的 8 個要素：行業性質、外部支持、品牌認知度、品牌忠誠度、領導地位、品牌管理、擴張能力以及品牌創新。這 8 個方面是對品牌，從外部宏觀環境和微觀環境兩個方面做定性分析，可以通過市場調查和財務分析獲得，反映了品牌的未來收益。

表 7-1 是 2008 年世界品牌實驗室對於中國大陸各大品牌，所實際精算出來的品牌價值。

六、《北大商業評論》雜誌評價法

品牌價值 ＝ 品牌溢價率 ✕ 該品牌市場銷售收入 ✕ 品牌價值可持續性 ✕ 折現

・品牌溢價率：指相對於無品牌商品，消費者願意對某品牌支付的溢價比率。這一部分可以經由對市場的消費者問卷獲得。

・品牌市場銷售收入：只要財報清楚，每一年的品牌在市場銷售收入是多少，可以很精確地算出來。

・品牌價值可持續性：這是指在不繼續投入的情況下，品牌保持溢價水平的時間約爲 2 到 8 年。

七、中華品牌戰略研究院評價法

品牌價值 ＝ 利潤 ✕ 品牌實力 ✕ 品牌狀況

· 利潤：包括利潤率超額收益和市占率超額收益。

· 品牌實力：來源於以下六個方面：（1）企業性質：主要判定是 壟斷型的市場企業，還是自由競爭類型的企業。品牌是市場產 物，壟斷企業品牌價值較低。（2）產業性質：主要區分為上游 企業、中游企業、下游企業。通常與消費者聯繫直接的快速消 費品，其品牌價值較高。（3）領導地位：取決於市場占有率。 （4）穩定性：視品牌存續時間而定；（5）國際性：海外收入 和出口國家或地區的多少；（6）發展趨勢：主要分為行業趨勢 和公司前景。

· 品牌狀況：主要是以下四個方面：（1）定位：市場引人注目的 真實程度。（2）架構：單一品牌架構、多品牌架構等架構，然 後再區分品牌架構的清晰度。（3）傳播：知名度、美譽度、當 年重大事件管理。（4）管理：商標註冊保護情況、企業管理組 織、職能和流程，品牌資本化情況。

調查樣本數：5,185 份；調查時間：2008/9/5～2008/10/31； 調查樣本來源：BRAND 雜誌回函、BRAND 網站、Yahoo! 時尚 網、FASHIONGUIDE 網站、中時電子報網站、博客來網站、百 貨公司（台北新光三越信義新天地、台南新光三越）。

第二節　品牌權益

品牌最終的目的，是要為企業創造價值。有價值的品牌，一 定能為企業帶來獲利。一般而言，品牌價值會依產業和消費特性， 而有很大的不同。理性購買、產品標準化、科技變化迅速的產品 （如電腦），由於產品替代性高，品牌價值通常不高。產品的功

能與價格，常常是決定性因素。反之，對於情緒性購買、產品非標準化，或科技變化少的商品而言，品牌價值就很高。例如，可口可樂一直被評為第一品牌，就是因為消費者口味的偏好，而選擇可口可樂，加上產品並不會因科技或其他因素而被快速淘汰，產品的價值更容易被肯定。

品牌價值是指品牌喚起消費者思考、感受、知覺、聯想的特殊組合，它有影響消費者行為的潛在能力。有學者將品牌權益（Brand Eguity）界定為：「品牌權益是一套由與品牌、名稱、符號相連結的資產與負債的結合，可能會增加或減少公司提供給消費者的產品或服務價值。當品牌的名稱或符號改變，與之相連結的資產與負債亦會隨之改變或消失。」品牌權益，實際上指的就是一種額外的附加價值。也就是除了產品（或勞務）本身的品質及功能所保證的價值外，品牌因為冠上某種品牌名稱後，在消費者心中所增加或減少的額外價值。

品牌權益可以從三個角度來觀察，一是通路，二是廠商，三是消費者。

（一）通路觀點：消費者忠誠度是重複購買人潮，和銷售業績成長關鍵的驅動力。所以從通路的角度來看，擁有愈多品牌權益的商品，愈是獲利的保證。品牌權益可用來衡量或爭取品牌槓桿（Brand Leverage）的差異度。其來源主要為消費者的產品接受度、較廣的通路型態，以及可支付較低折扣等。零售商注重的消費者忠誠度問題包括：哪一種品牌會吸引消費者到某個通路？定價策略和促銷活動如何影響消費者對通路的忠誠度？什麼因素會影響經常購物者的計畫？自有品牌產品如何影響消費者的忠誠

度？

（二）廠商觀點：品牌權益可來自品牌所帶來的策略性競爭
優勢，以便能承受競爭者的攻擊。

（三）消費者觀點：品牌權益來自消費者個體對該品牌所抱
持的態度，他們以知覺作為購買決策的主要判斷樞紐。擁有最高
消費者忠誠度的品牌，將會是最能獲取利潤的，因為消費者會刻
意尋找出這些產品，並且願意支付較高的價格購買。消費者願意
與公司建立關係，主要因為可以從長期持續的關係中獲得利益，
這些利益包括經濟利益（Economical Benefits）、特殊對待（Special
Treatment）及信賴（Credence）等。

目前品牌權益的衡量方式，大致可分為財務面與消費者面二
種。在財務面的部分，客觀的衡量指標就是現金流量的增加。

一、財務面權益

（一）銷售量：市場呈現出品牌力，與實際銷售量呈正比的
關係。如何透過精確的行銷策略與有效的廣告增進品牌力，是拓
展與維持市場非常重要的關鍵。在品牌的背後，其實「給消費者
信賴感」與「價格實惠」的品牌形象是支撐品牌力的兩大關鍵。

（二）價格溢酬（Exclusive Value Premium）：對於同樣一項
商品，有品牌與無品牌就會出現價格上的差異，同樣地，品牌廠
商也會獲得價格溢酬的正面價值。溢價力是指因為品牌的緣故，
企業可以用比競爭對手更高的價格賣出產品。反映在財務報表
上，溢價力愈佳，可以帶給企業愈高的現金流量。當企業提供的
產品具有獨特的價值溢價，其所產生的顧客價值將超越實用價值

溢價，這可歸因為心理需求的實現，因此，顧客會願意以更高的代價來購買該產品。

（三）市場占有率：品牌的市場占有率，是可以精確計算，可是無品牌的商品，就很難長期擁有市場占有率，而且被淘汰的機率高。

二、消費者層面

品牌權益是由五種資產創造其價值來源，其中包含：品牌忠誠度、品牌知名度、知覺品質、品牌聯想與其他專屬品牌資產。

（一）品牌忠誠度：市場上充斥各種以品牌之名（in the name of brand）的訊息，勝負關鍵就此回到了品牌忠誠度。品牌忠誠度涉及品牌偏好、品牌堅持。品牌偏好（Brand Preference）指的是消費者會放棄某一品牌，而選擇另外一個品牌（此原因可能是習慣或過去經驗）。品牌堅持（Brand Insistence）指的是，消費者寧願多花些時間，也堅持要某種品牌。

若是僅購買某特定品牌，不一定代表具有忠誠，有可能是因為其他因素，例如，便利性。所以重複購買並無法判斷消費者是否具有品牌忠誠度。品牌忠誠度實際上包含了兩個不同的層面，一是態度忠誠度（Attitudinal Loyalty），二是購買忠誠度（Purchase Loyalty）。前者是指消費者喜歡與偏好特定品牌，但這僅能表示消費者有再次購買某品牌的意願，卻並不等於消費者一定會實際去購買。後者則是指消費者不僅喜歡及偏好特定品牌，並且對此特定品牌付諸重複購買行動。總的來說，品牌忠誠度的優點，可以降低行銷成本、通路槓桿、吸引新消費者、創造品牌知名度、提供品牌「承諾」保證，有時間反應或延緩競爭者的威脅。

（二）品牌知名度：品牌是當消費者記得這個名字時，才真正存在。所以品牌知名度在品牌權益中，佔有重要份量。品牌知名度係指，消費者對品牌回憶（Brand Recall）及品牌認識（Brand Recognition）的表現。其中的品牌回憶是指，消費者面對一產品類型，能夠產生回憶該品牌的能力；品牌認識是指消費者可以直接辨識曾經看過，或聽過該品牌的能力。品牌知名度在消費者決策過程中，扮演著三個重要的角色，其理由如下：（1）當消費者想到產品類別，即可想到該品牌是很重要的。品牌知名度愈高，愈有可能使該品牌成為購買時考慮組合之一；（2）品牌知名度可能影響消費者購買考慮組合的品牌決策；（3）品牌知名度可藉由影響品牌聯想的形成及強度，來影響消費者制訂購買決策。總的來說，品牌知名度能引起顧客聯想、情感（喜惡）的連結、物質的符號、承諾的象徵，品牌已成為被考慮的主要因素。

（三）知覺品質：品牌，一言以蔽之，是創造出可以常駐消費者腦海的「認知價值」，而設計最核心的本質，正是透過創意概念、設計方法、材質運用，創造出超越工具性、具備獨特「認知價值」的產品。知覺品質乃是消費者對某產品總體優越性的評價，也可解釋為消費者在有意義的個人或是情境變數之下，處理與品質屬性相關的線索，進而影響其選擇的產品，而此一價值的判斷，即為知覺品質。品牌知覺的品質，影響了購買的理由、產品差異化認知、品牌定位、品牌定價／價格、品牌延伸、品牌通路成員利益。

知覺品質是指一項產品透過比較，被消費者評定為高品質或低品質。在消費者內心評價過程中，透過對替代品之相對優越性進行比較，進而產生對該產品的知覺品質，特別要注意的是，知

覺品質是一種相對的概念，而且是透過消費者的評價，而不是廠商的自我評斷。知覺品質之所以異於「實際品質」，主要是因為：（1）消費者先前的印象影響其對品質判斷；（2）廠商與消費者對各品質構面重要性認知不同；（3）消費者獲得的資訊不完整。消費者也有可能不知道判斷品質的最佳方式，而在購買時選擇了錯誤的線索。總的來說，知覺品質的特徵有四大顯著部分：（1）知覺品質與客觀品質不同；（2）知覺品質的抽象程度較產品屬性為高；（3）知覺品質是一種與態度接近的評價；（4）知覺品質發生在比較的情況下。

（四）品牌聯想（Brand Association）：品牌聯想或稱品牌印象，是指在消費者記憶中，任何與品牌有關聯的事物，包括產品特色、顧客利益、使用方法、使用者、生活型態、產品類別、競爭者和國家等。它是最能被接受的品牌權益，除了能幫助消費者處理資訊並協助品牌定位，同時也是品牌延伸的基礎。品牌聯想可分為三種類型與三大面向、三種類型包括：屬性（Attributes）、利益（Benefits），與態度（Attitudes），三大面向則細分如下：第一為有利性（Favorability）：消費者心中的聯想必須對該品牌有利，才能對該品牌形成正面的態度。第二為強度（Strength）：聯想的強度，決定於有多少資訊，存於消費者的記憶。第三為獨特性（Uniqueness）：唯有屬於該品牌獨特的聯想，才能構成「獨特銷售點（Unique Selling Proposition）」，也才能形成該品牌可維持的競爭優勢。任何與品牌相關的事物，例如外觀、產品利益、包裝、配銷通路或形象，都能幫助消費者處理資訊，並協助品牌定位。

（五）其他專屬的品牌資產（Other Proprietary Brand Assets）：包括專利權、商標及通路關係等。其功能在於避免競爭者侵蝕組織的消費者基礎及忠誠度。

以上這五項資產可以透過增進消費者解釋或處理資訊的能力、對購買決策的信心及使用滿意度來提升消費者購買該品牌的價值。至於公司的價值，則可：（1）藉由提升行銷計畫的效率及效能，提供顧客滿足感及購買的理由，並強化品牌忠誠度；（2）使廠商可以溢價出售，而不須過度浪費在促銷活動上；（3）讓公司可以利用品牌延伸的方式追求成長；（4）在配銷通路占有優勢；（5）可防止顧客受競爭者的行銷活動所吸引，以便創造持久的競爭優勢。

第三節　永續品牌

只有永續生存的品牌，才能持續享受到品牌價值的益處，所以如何成為永續品牌，應該是品牌企業最關心的議題。事實上，品牌經營就是一場優勝劣敗的無情淘汰賽。它猶如百年大樹，絕非一朝一夕可竟全功。有多少的明星品牌成了歷史的記憶，如司迪麥口香糖、獨領風騷的愛王書桌，都消失於市場的版圖中。

全球十大最有價值的品牌依次為：可口可樂、微軟、IBM、通用電子、英特爾、諾基亞、迪士尼、麥當勞、萬寶路以及賓士汽車。為什麼這些品牌會歷久不衰？但同時卻有成千上萬的其他品牌消失不見？可見這是一個「品牌致勝」的年代，也是「品牌危險」的年代。消失的品牌幾乎和崛起的品牌一樣多，這也就造成企業與品牌工作者有越來越深的「品牌焦慮感」。換言之，如果品牌價值不能永續，則產品的權利金與價值，就如同海市蜃樓

般的虛無。

　　企業或品牌的成功，雖然一時可以從世界、市場、消費者，或企業或品牌經營者本身的觀點，看到輝煌成功的一面。不過，如果不能永續生存，那麼一切都是過眼雲煙。在「物競天擇，適者生存」的殘酷品牌競爭市場，品牌要能永續，就需要高層參與、找對品牌領導人、長期承諾、旺盛企圖心、品質、特色，以及正確的品牌戰略等。

一、決策高層參與

　　品牌是一種承諾，這種承諾絕不是低位階的管理人員所能決定。所以塑造品牌一定要從公司決策高層發起，雖然基層人員可以提供建議，但也僅是「建議」，採納與否，完全在於決策高層。基本上，品牌建設的工程，從品牌意識、內部觀念的衝突、品牌策略、品牌設計、品牌願景、品牌定位、品牌理念與陳述、品牌識別系統、品牌團隊的建立，以及執行進度的掌控，如果沒有決策高層的支持和長期投入（承諾）等，是不可能完成的。

　　有了高層的參與，其所建構的品牌工程，才能總體全面地進行，而非某一部門在推動，其他部門好像事不關己！此外，品牌建設的工程，需要投入大量的經費，這也只有公司最高決策階層的投入，才能順利推動。以世足賽「進場」廣告看板的代價為例，它就需要四千萬美金（將近十三億新台幣）。這僅是廣告看板的「入場費」，還不包括其他媒體行銷打廣告的經費支出。由此可知，品牌建設工程的大業，只能由上而下經營，絕對不能隨便委人代辦。

二、找對品牌領導人

當蘋果執行長 Steve Jobs 宣布退出 2009 年 1 月 Macworld 大會時（外傳與其健康狀況迅速惡化有關），蘋果股價立刻大跌。這就顯示「人」與品牌經營的成功與否息息相關；事實上，品牌的建設不是靠規模而是重深度，這就考驗領導人的智慧。管理學最重要的議題，就是「把對的人、放在對的位置、做對的事」。「對的人」具備勇於改變，和創新思維的特質，能讓品牌炙手可熱。所以品牌在尚未設計之前，公司應該全力以赴，去找對的品牌領導人。

例如，百年歷史的米蘭品牌 GUCCI，就是因為在 1994 年任用了 TOM FORD 為創意總監，才讓這傳統的品牌倏然轉變，而成為嶄新的摩登形象，並將 GUCCI 品牌推向另一個高峰，成為世紀交替「新摩登主義」的代名詞。

三、旺盛企圖心

品牌存在的環境不是真空的，它不斷地在變化。無論新舊品牌，都在爭取發展的空間，因此，一些耐力不足、財力不足、景氣惡化、組織管理能力不足，被競爭對手圍剿的企業，都將面臨淘汰的危機。也就是說，從結構的角度，品牌挫折不是偶然的，而是必然的！例如，廣達曾嘗試自創電腦和手機品牌，但很快就無疾而終。裕隆也曾推出轟動一時的飛羚汽車，最後也是後繼無力。雖然他們都曾在品牌的路上重重地跌倒過，但旺盛的企圖心使他們能再度向品牌叩關。

目前的金融海嘯會造成品牌的壓力與挫折，例如，全球電漿電視第一品牌的 Panasonic，截至 2009 年 3 月底止，該公司的虧

損幾乎高達 3,800 億日圓（約 42 億美元）。在必然會面對挫折的
情況下，品牌能不能永續，就要看公司高層是否具備旺盛的企圖
心、是否能忍受短期的挫折並把眼光放遠至長遠榮耀的目標。

四、長期承諾

有些品牌當初創業時因發展順利，而開始疏忽對消費者所作
的承諾，甚至走向短視近利，故意欺騙消費者。這樣的品牌，儘
管曾經名噪一時，但最後必然會被消費者認清與淘汰！例如，三
鹿奶粉的品牌，初期獲得重大成就，最後竟然摻雜有毒的「工業
奶粉」矇騙世人，幾乎讓世界各地民眾聞奶色變，也害慘中國一
胎化政策下的嬰孩，根據統計，從 2008 年 9 月爆發後，造成大
陸 30 多萬嬰兒受害。

五、正確品牌戰略

正確的品牌戰略是「品牌主導企業」（Brand-Led Business），
也就是品牌理念，引導企業做每一件事的核心規劃原則。品牌戰
略是品牌的發展方向，方向如果錯誤，後續所有的配套即使做得
再好，也不過是「把事情做對」，而非「做對的事」。這對於有限
的企業資源是一種傷害！正確的品牌戰略，顧名思義，就是能使
品牌進化的戰略。進化的核心指標，主要是為了能讓消費者對於
品牌的信任度與日俱增，這是品牌市場叢林中生存的重要法則。

六、優良品質

萊雅（L'ORÉAL）是全世界第一大化妝品集團，擁有 17 個
全球性策略品牌，連續 20 年獲利成長呈兩位數，其涵蓋百貨公
司高級的蘭蔻（Lancome）、碧兒泉（Biotherm）、植村秀（shu

uemura）、Kiehl's，以及強勢的專業美髮產品 L'ORÉAL Professi-
onnel 等。

　　為什麼萊雅（L'ORÉAL）這個化妝品集團能夠如此成功？關
鍵就在於擁有 3 千位科學家的研發中心，使品質達到一流。品牌
能不能存活，其核心點就是品質。因為品質是基本條件，如果連
基本條件都沒有，又如何躋身於品牌的正式行列。所以如果期望
品牌能夠永續，就一定要在品質上下工夫！

　　「約翰走路」是目前行銷世界 200 多個國家、190 個不同市
場的蘇格蘭威士忌第一品牌。品牌行銷策略的成功，及超高品質
的百年製酒技術，是「約翰走路」成立至今，近兩百年來聲勢始
終不墜的主因。

　　如果產品本身缺乏品質和口碑，那麼再成功的團隊、再有創
意的領導人，也無法在消費群裡獲得好感，更別說是品牌認同。
例如，LV 品牌能風行全球，就是因為它的品質能滿足消費大眾
品質的要求。甚至該品牌的皮箱，在經歷鐵達尼號的沉船意外後，
撈起來卻發現皮箱竟然滴水未進！伯爵錶是瑞士錶廠中，少數碩
果僅存的「自行製作」品牌，為何在電子錶盛行的時代，仍能有
發揮的空間，就是因為它的精密機芯（2.3 毫米）及上乘品質所
塑造出的尊貴品牌特色。

七、特色

　　不論任何領域，總有一些公司為了推出創新的產品，投入了
大量的廣告經費，總算爭取到賣場走道尾端的展示點，但最後還
是無法打動消費者。這表示消費者的「渴望」沒有被滿足。所以
品牌要崛起、永續，就必須要滿足消費者的「渴望」。如果無法

長期持續滿足這種「渴望」，其存續就會出現問題。

　　彼得‧杜拉克在《管理的實踐》中也提到：「顧客購買的其實不是產品，而是一種滿足感，要了解產品的價值，不是從製造商來看，而是由消費者角度思考顧客的需求與重視的價值，進而滿足顧客。」

八、創新

　　品牌要歷久不衰，除了不斷地創新，更要隨時代趨勢來滿足不同的「渴望」。例如，以前顧客穿鞋只求堅固，不重款式，只要能穿三到五年，就能暢銷。如今顧客的需求變成個人風格的彰顯，不但須搭配場合，還得講求時尚。所以品牌企業就要隨著顧客的穿著需求（Need）與欲求（Want），創建多元化的鞋系列。

　　又如，Google品牌成功並非來自廣告，因為它自己就是媒體；它的品牌價值不斐，好像與價格策略也無關，因為它完全免費。要說 Google 能快速崛起的原因，最直接的說法是，它體現一群人（而且是一大群人）「渴望」的「生活方式 / life style」，透過它創新的搜尋、GMail、Google Earth、Froogle 等，有趣而新鮮的服務、簡單貼心的使用經驗（例如「錯別字」提醒），或者桀驁不馴的品牌理念（不讓華爾街賺它上市承銷的暴利）；它體現了一種企業世界裡，二度「創世紀」（genesis）感受，貼切對應到網路世代的自我認同。

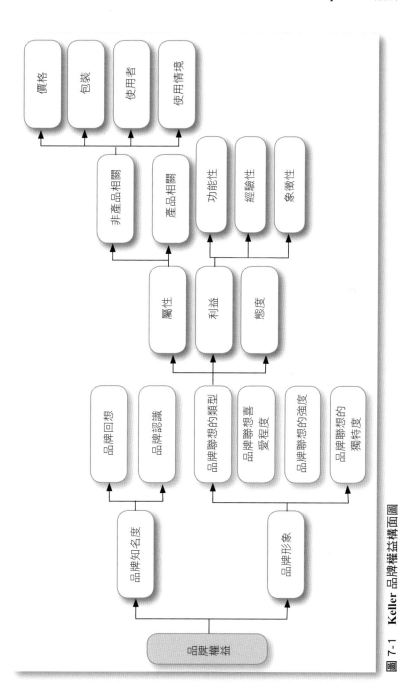

圖 7-1 Keller 品牌權益構面圖

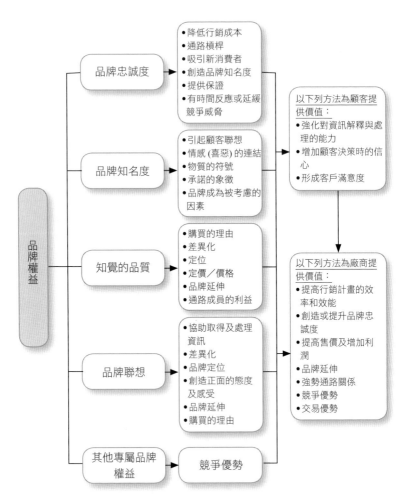

圖 7-2　Aaker 品牌權益構面圖

資料來源：David A. Aaker (1991), *Managing Brand Equity*, Free Press.

8

品牌危機管理

第一節　品牌危機

最近的品牌危機，大多與設計不良，及欠缺基本道德有關。如「義美」使用過期的原料，「乖乖」竄改有效日期，「胖達人」麵包廣告不實，說謊用香精，豐田汽車設計不良。

為了預防企業與品牌的危機，企業應該要有正確的危機管理體系。基本上，危機管理體系應該涵蓋三大環節，才能有計畫地預防於前，處理於後。這三個主要環結是：危機預防、危機處理及危機溝通。它們彼此環環相扣，不容許任何的割裂或分離，否則將影響組織危機管理的成效。其中若是少了危機預防，就極易爆發危機；缺了危機處理，而僅有危機溝通，在沒有具體行動的溝通下，極易被視為無誠意的空言；若只有危機預防及危機處理，卻無危機溝通，就易起誤會，引發不必要的爭端，而使危機處理複雜化。

一、企業品牌危機

不同類型的品牌企業，可能遭遇的危機因素不同，例如，創立於民國 29 年的丹比食品企業，驚傳在 2008 年 6 月 1 日結束營運。這是因為門市擴充太快、大環境不佳、原物料上漲等因素，導致公司資金缺口高達兩億元。原來擁有五月天、梁靜茹等兩組大牌藝人的滾石唱片，也因網路上盜版太多，版權無法受到保護，以及進軍海外市場失敗，而發生嚴重致命的財務危機。

當產業面對愈來愈激烈的全球化競爭，根據經濟部「2007 中小企業白皮書」的統計，企業經營年數未滿一年的占 8.71%，超過五年的家數有 61.93%，換句話說，五年之內有 38% 的企業會

退出市場。經營二十年以上的僅剩 18.73%，換句話說，二十年之內，有 81% 的企業會退出市場。顯見企業在全球競爭中的危機升高，而目前金融海嘯所造成的全球產業危機，更是升高品牌陣亡的機率。例如，曾是世界最大保險集團的 AIG 崩解、加拿大電信巨人北電網絡宣布破產、最能代表英國陶瓷的品牌瑋緻活（Waterford Wedgwood）破產倒閉、LV、Gucci、Giorgio Armani 股價一瀉千里，中國奢侈品市場掉了 15%；緊接著是大眾品牌面臨危機，美國三大車廠面臨倒閉危機，日本豐田汽車也因為嚴重衰退，關閉許多海外生產線。

二、產品品牌危機

　　無論任何品牌都無法保證不會在多變的市場環境中發生波動，甚至危機，它們有可能因一次致命的失敗，而使長期經營品牌的努力瞬間化為烏有，嚴重時甚至會動搖企業存續的根基。

　　一旦品牌經營失敗，就不具任何殘餘價值，有時反而是負面價值（因為重建已經失去市場認同的品牌，可能比打造新品牌還困難）。以下將造成品牌危機的主要變數，歸納為以下十三點。

　　（一）品牌抵制：由馬來西亞前總理「馬哈地」發起的「杯葛美國產品」行動，已經有大約十個民間團體出面聲援支持。2009 年 1 月 10 日，馬來西亞穆斯林消費者協會在首都「吉隆坡」正式宣佈，杯葛抵制美國產品活動，行動涵蓋拒喝可口可樂、星巴克等美國飲品，以及拒用高露潔牙膏等美國品牌商品，以抗議美國支持以色列對加薩所進行的軍事行動。

　　（二）欺騙消費者：康師傅在中國大陸的品牌，好不容易被大陸消費者廣泛接受，但竟然也走欺騙消費者的卑劣路線，讓民

眾始料未及。曾以活力清新為主軸，強打「喝越多，健康也會多更多」，是康師傅在大陸的礦泉水廣告，不料熱銷 8 年之後，在 2008 年遭網友踢爆，其實康師傅賣的根本就是自來水！大陸中央電視台立刻追蹤報導，官方機構也介入調查。一開始康師傅還強烈反擊，最後才坦承所賣的礦泉水是用自來水過濾出來的！經大陸電視等相關媒體普遍公布後，《中國青年報》社會調查中心進行民意調查，結果顯示，57.3% 的人表示，以後不會再購買康師傅礦泉水。此外，社會大眾對康師傅的信任危機，還蔓延到了該品牌的其他產品，43.0% 的人表示，肯定會影響自己對康師傅其他產品的信任。

（三）策略錯誤：曾讓台灣驕傲的光男企業，為台灣打出第一個行銷全球的自有品牌 Kennex 網球拍。1987 年曾囊括全球四分之一市場，被稱為台灣的奇蹟，並且帶動台中地區將近 200 家網球拍代工廠。1987 年將公司股票上市，並意氣風發地跨足到高科技、金融、證券業。1989 年股市狂飆，股票從 40 元漲到 210 元，未料次年股市重挫，股票跌落至 20 元，在多角經營及擴充過度之下，導致財務失控，於 2000 年歷經六次重整無結果，結果破產拍賣。

（四）過度延伸危機：在「過度延伸」的例子中，最經典的應該是席爾斯百貨。當席爾斯百貨在 1981 年決定要大幅跨界到金融服務業之前，它可說是全美最大的零售業者，所以席爾斯吸收了不動產仲介公司僑福地產（Coldwell Banker）以及金融經紀商添惠公司（Dean Witter），並且將這兩家公司併入了席爾斯原有的汽車房屋保險公司全美保險（Allstate）。席爾斯在決定跨入金融服務界之前，忽略了評估該公司的品牌是否真的能延伸到金

融服務界。結果在席爾斯打造其金融帝國的同時，經營火力也被分散了，主力的零售業務開始落後在勁敵沃爾瑪（Wal-Mart）之後，自此之後，再也不曾收復失土，新領域也沒有成功過。另一個例子是 1903 年創立的美國哈雷機車 (Harley-Davison)，它擁有光榮歷史，也是機車族的最愛。但哈雷卻將品牌延伸到非相關的商品，因銷售不佳造成財務危機。後來才改弦易轍，專心強化與改善其核心能力，並積極發展相關性高的品牌延伸，諸如發展強勢品牌社群，成立哈雷車主俱樂部、贊助相關的車輛競賽等，哈雷持續大力行銷其品牌，重新抓住並挽回顧客的心，因此又回到昔日榮耀，成為世界最有名的機車品牌。

（五）形象危機：品牌企業在面對產品（劣質造成傷害）、價格（與認知成本差距過大）或服務（影響消費者安全或滿意）時，如果違反正常企業倫理（如欺騙），可能造成品牌的形象危機。例如，知名的星巴克咖啡位在九一一事件發生地點的附近，因救難人員在搶救過程非常口渴，需向這家咖啡店要一些開水喝，結果卻被店員要求收取開水的費用。事件傳開之後，美國社會輿論譁然，對於品牌形象造成嚴重傷害的危機。

（六）品牌老化：一旦品牌跟不上時代風潮，而造成新顧客沒興趣，老顧客也不想再次購買的「眾叛親離」時，品牌危機便出現了。例如，美國的超級名牌李維斯（Levi's Strauss & Co.），它的品牌策略一向著重於該公司的悠久歷史與專業權威。但時下青少年所追求的卻是與上一輩完全不同的獨特風格，這也是李維斯的商品所無法提供的特質，在 1990 年的美國牛仔服飾市場中，該品牌痛失原有市場占有率的一半，而且自 1996 到 1999 年之間的銷售成績，甚至還大幅滑落了 28%。很明顯地，該公司所產製

出的商品，已經無法迎合 X 世代與次嬰兒潮時期消費群的喜好了，這正是他們的致命傷。

（七）模糊定位：公司為品牌投入了大量的時間與精力，卻因企業無法維護品牌訊息的一致性，而導致模糊、削弱、混亂品牌形象。這類情形可能與廣告有關，也可能涉及公司人事升遷。例如，高升者常為了加入自己的風格，而模糊了品牌的精神與重心。又如，放寬定位目標的消費群，從原先的 16 至 30 歲消費群，一路擴及到小孩子、老人，不僅模糊品牌形象，價值也跟著滑落！在消費性電子領域中，即有許多造型與概念都設計得相當棒的產品，但由於定位模糊，導致失焦，最後因銷售不佳而面臨停產的命運。其中也可能是因兩種品牌結合，造成定位模糊，例如：易利信是手機的專業品牌，Sony 是音響隨身聽專業品牌，兩項品牌結合成 Sony Ericsson 手機，雖然以照相手機為訴求點，卻反而使消費者的印象失焦。

定位模糊有時是因經營權移轉過程，不同接班人有不同的品牌戰略構想。以 GUCCI 品牌來說，這是家族企業代代遞嬗，卻因為經營理念不同，在第二代時，GUCCI 跌了一跤，並因為家族繼承的移轉問題，曾陷入一片混亂。直到第三代接掌人確定 GUCCI 精品品牌定位後，努力經營，才在現今全球時尚界中扮演領導國際時尚的重要角色。

（八）商標註冊：跨國企業必須正視國外法令對其品牌保障不足的問題。由於國際間的資訊落差，一個品牌可能在不同的國家被多家公司同時註冊。當其中一家公司開始進行國外擴充時，可能會發現其品牌早已被當地公司使用並合法註冊。縱使這個品牌的聲譽卓著，該公司也只好另起爐灶，以全新的品牌進軍國際

市場。此時，該公司必須在不同的國家面對重重的聲譽障礙。宏碁電腦多年前放棄使用已久的品牌，另以 acer 爲名進軍國際市場，就是一個最佳例子。

（九）通路危機：國內擁有45年歷史，老字號家電大廠歌林，曾邀請蔡依林熱舞代言，來強打品牌廣告，並大手筆進軍國內外液晶電視市場，沒想到占液晶電視營收 6 成的美國客戶 SBC 破產，高達 74.4 億元應收帳款收不回來。結果導致歌林這家老品牌的家電大廠，陷入創立以來的最大危機，最後在 2008 年 7 月 16 日，股票被打入全額交割，最後下市。

（十）替代品出現：六十年歷史的拍立得（Polaroid Co.）公司，自 2009 年 2 月起，停產拍立得品牌相紙。打火機取代火柴，數位相機取代傳統相機，LED 燈取代傳統燈，3D 動畫取代武打演員，網路電子郵件系統取代郵差，手機取代 B.B.Call……，任何產業都可能僅存在於一個特定的時間與空間，一旦強力替代競爭對手出現，產業的根基動搖，無論品牌多麼強大、管理團隊多麼強悍，都會不可避免地走向滅亡。火柴的市場下滑，完全是因爲整體產業的沒落，因爲打火機替代產業的崛起與侵蝕。

（十一）專業弱化：在台灣已有 57 年歷史的老牌產險公司華山產險（原太平產險），2009 年 1 月 17 日被金管會勒令停業清理。在金融海嘯的衝擊下，保險業財務普遍日趨惡化！華山產險走到這一步，主要是因缺乏專業經營等一連串的誤失，再加上增資不成，成爲壓倒華山產險的最後一根稻草。該公司最嚴重的失誤是，約十年前該公司與銀行合作，推出「1090」保單，由銀行貸給貸款戶九成額度，其中七成是房屋抵押，兩成是無擔保信用貸款，由華山產險前身太平產險承擔風險。這張保單推出後，

幾乎所有銀行都跑來跟太平產險合作，未料後來經濟不景氣，房貸戶違約情況嚴重，使太平產險付出慘痛代價，幾年間陸續賠了10幾億元，成為拖累太平產險的元凶。

（十二）品牌廣告危機：有人形容品牌如果沒有廣告，就好比「美女在漆黑無光的深夜，向你拋媚眼」一樣地無用。這也就是為什麼國際品牌企業常以龐大行銷預算來進行品牌廣告！以化妝品、護膚以及香水品牌聞名的雅芳（Avon）為例，2005年廣告預算為1.36億美元（約41.35億元台幣），2006年暴增83%達2.49億美元（約75.71億元台幣），2007年增加48%至3.68億美元（約111.9億元台幣）。如果投入這麼多的資金，卻得不到預期的效果，這筆資金不啻浪費，尤其品牌應該得到的消費者注意、興趣、慾望、記憶以及行動，都將是一場空，這就是品牌廣告危機。

造成這類危機的原因，主要有五種原因：

1. 累贅無趣的標題：標題是引導目標觀眾閱讀整個內容的關鍵，但是在媒體常會出現一些錯誤，而無法達到廣告預定的目標。因此在製作時，必須注意到某些原則是不能違反的，否則可能事倍功半，甚至徒勞無功！例如，標題要有吸引力；要一目了然；要與插圖配合；字數不宜過多；要能引導文案閱讀；要具備承諾訴求的效益；要富有衝擊力；切忌題意不清，本末倒置。

2. 過於複雜的文稿與插圖：在講求速度、重視時間的時代，太過複雜的文稿與插圖，不但極易引起消費者煩躁抗拒的心理，而且也達不到預期的效果。文稿的設計，應讓消費者輕鬆閱讀、易於了解，所以文稿內容除了要有創意之外，還必須滿足其他九項要求：正確、具體、簡潔、清晰、協調、特色、優雅、誠

實、完整。

3. 企業體營運以獲利為目標：有鑑於市場的激烈競爭，為了使商品早日暢銷以便獲利，因而在廣告活動上多所強調，但這種強調卻又與事實有段差距，故易發生「失真」的現象。這種「失真」現象指的是，廣告上所強調的商品，給予人之方便性及利益性，在購買商品後，無法實際享受到，也就是廣告中的商品優點與使用後的商品內容完全脫節，而使消費者有受騙的感覺。

4. 考慮不周：選擇廣告媒體，也要選擇媒體時間與地點，如果抉擇錯誤，對於品牌廣告的成果將會大打折扣。例如護膚的化妝品廣告，為擴大品牌知名度，特別選在辦公大樓集中的繁華街道做廣告牌。但由於該地段灰塵多，廣告牌沒幾天就蒙塵，美麗的女主角就變成名副其實的灰姑娘，這就不利於長期品牌廣告效果。

5. 主客易位：廣告是行銷的手段，行銷是廣告的目的，手段與目的之間不能錯置。廣告有時會產生主客異位的結果，例如，黑松青草茶前幾年就以「笑傲江湖」的情節為背景，拍出一支「奸臣追殺忠良」的廣告，創意固然不錯，拍攝效果也很好，觀眾看過以後都拍手叫好，但卻未必記得住那是黑松青草茶的廣告，因為「奸臣追殺忠良」的廣告情節太過吸引人，使得許多消費者僅注意情節，反而疏忽廣告的主題。易言之，青草茶與「奸臣追殺忠良」之間關聯實在不大，而且產品特性也未能被有效突顯出來。

（十三）其他：品牌失敗的原因難以一一列舉，除上述各點以外，高階主管罔顧不利的市場研究結果，一意孤行其偏愛的點

子；點子雖好，但卻高估市場規模；產品設計不夠完善；開發成本高於預期；競爭者的反擊，比預期強烈等，都是造成品牌爆發危機的背後變數。

第二節　品牌危機預防

再好的手機，也可能有電磁波的威脅；再好的品牌政策，在實踐的時候，也不易完美無缺、面面俱到，所以企業應要有防患於未然的準備。2007 年《商業周刊》專訪華人首富長江集團主席李嘉誠，由於他從 1950 年創業，57 年來從未遇過一年虧損，歷經兩次石油危機、文化大革命、亞洲金融風暴，他的企業卻能橫跨 55 個國家，走向日不落。《商業周刊》請問他如何在大膽擴張中不翻船？李嘉誠回答：「想想你在風和日麗的時候，假設你駕駛著以風推動的遠洋船，在離開港口時，你要先想到萬一遇到強烈颱風，你怎麼應付。雖然天氣滿好，但是你還是要估計，若有颱風來襲，在風暴還沒有離開之前，你怎麼辦？我會不停研究每個項目，要面對可能發生的壞情況下，出現的問題，所以往往花 90% 考慮失敗。」

事實上，經營失敗的危機是有跡可循、漸進發展的。大致有其發展程序，第一步：營業額開始下降或是停滯不前；第二步：開始感到需要以降價來爭取市場訂單；第三步：成本壓力形成，而開始要求降低成本；第四部：經營壓力不斷地升高，管理團隊卻無法對症下藥，逐漸失去方向；第五步：尋求突破但找不到竅門；第六步：微利化日趨嚴重，甚至虧損；第七步：負債比例不斷惡化；第八步：營運資金嚴重不足；第九步：企業嚴重虧損倒

閉。

　　品牌危機可能有不同的面向，但是預防品牌危機的具體實踐步驟，不會因為品牌危機的差異而有所不同。以下將品牌危機預防的實踐步驟，加以具體說明。

一、組建品牌危機管理小組

　　品牌危機處理小組是智囊團，也是作戰指揮中心，因為它會影響到整體品牌危機處理的成功與失敗，所以品牌危機管理小組人員是品牌危機處理成功與否的第一決定要素。

　　（一）任務：品牌危機管理小組任務分為設定目標、蒐集資訊、擬定品牌危機管理計畫、執行品牌危機管理計畫、有效解決品牌危機、達成品牌危機管理目標，處理任何涵蓋在品牌危機管理計畫內的問題。

　　（二）組織系統：因組織的任務、型態、資源，與可能遭遇品牌危機的差異，品牌危機處理的編組自然也會有所不同。此外，同一個品牌危機可能涉及不同的議題，也可能擴散到不同領域，所以要成功地處理危機，應該要有不同領域的專家納編在內。在品牌危機管理小組指揮範圍內，應下轄三個特殊任務中心，一是品牌資訊情報中心、二是品牌謠言控制中心、三是品牌網路溝通中心，這三個中心的核心就是品牌危機管理小組。

　　（三）品牌小組特質：品牌成員特質會影響整個危機成效，品牌危機管理小組最先決的條件是能夠在一起相互合作，並有效解決衝突與歧見，以解決品牌危機。因此遴選處理品牌危機的「專案小組」成員時，應考量品牌專業能力、抗壓性與對企業認同度。特別是在品牌專業能力方面，應該具有不同領域的特殊品

牌專業知識，蒐集品牌資料並將其轉為資訊、運用、分析、綜合、評估及決策等能力。

二、找出品牌危機因子

品牌危機鑑定包括的範圍極為廣泛，絕不只是外在環境。誠實客觀地評估內部的脆弱性，也是重點之一。因此鑑定與確認品牌危機是品牌危機管理的首要階段，也是不可或缺的階段。一般來說，可用下列八種方法，完成危機的鑑定。

（一）品牌危機列舉法（Crisis Enumeration Approach）：品牌危機列舉法乃是指有系統、全面性地將社會可能面臨的品牌危機逐一列舉出來，然後進行總體性的品牌考量與判斷。

（二）草根調查法（Root Investigation Method）：它是針對第一線接觸可能出現威脅變化的品牌組織基層，所做的品牌危機調查。其戰術上的優點是，能抓住許多品牌細部危險的徵兆，而這可能是被高層所忽略的。這些品牌資料若能被善加利用，必然可以解決許多潛在或甚至即將爆發的品牌危機。

（三）財務報表分析（Financial Statement Analysis）：企業是整體的，所以品牌危機的根源，可能來自任何一個部門。因此透過各部門的統計數據，不僅可以挖掘出過去的品牌問題，也可以分析出當前的危機。

（四）作業流程分析（Operational Process Analysis）：作業流程分析在工業工程上的使用十分普遍，在運用上，不論是工廠的生產流程、零售業的進出貨控制，甚至到美國太空總署登月計畫的實施，都可用到這些技術進行管制計畫執行的步驟，以防範意外或延誤。

（五）實地勘驗（Physical Inspection）：實地勘驗是指主管在品牌危機未爆發前到第一線了解狀況，以求先掌握危機的各種徵兆，達到爭取時間並防患未然的目的。

（六）品牌危機問卷調查（Questionnaire Survey）：企業可以針對某種品牌特殊議題，設計品牌危機管理調查問卷，進行品牌系統性的調查，來發掘有關方面的品牌危機因子，並作為規避危機與轉嫁之用。

（七）品牌損失分析（Casualty Loss Analysis）：品牌損失分析的對象，不僅是自己企業所發生的危害，同樣也可從「他山」之石可以攻錯的角度出發，學習如何防範未來類似品牌事件的重演，或試著取得類似事件再次發生時的因應之道。

（八）大環境分析法（Environmental Analysis）：品牌危機的起源，必然在某一種特殊的環境結構中，國際及國內總體環境不斷在變化，若沒有掌握品牌環境的變化，就可能會帶來品牌危機。其中值得重視的是決策者所認知的環境。因為這涉及到決策者的品牌知識、品牌訓練，與其品牌判斷能力。換句話說，即使有卓越的幕僚，與解決品牌危機的建言，最後仍然得依賴最終決策者的擔當與判斷。

三、排定處理及資源投入優先順序

企業的資源有限，不可能將前述所有找出來的品牌危機因子，都同時加以處理，而是要按照優先順序來處理。這個優先順序的排列，學者雖有不同的指標，不過 Steven Fink 所提出的發生機率與品牌威脅強度等兩個變數，似乎已有普遍被接受的趨勢。所以可將排列在第一象限中，危機衝擊度高且危機概率又高的危

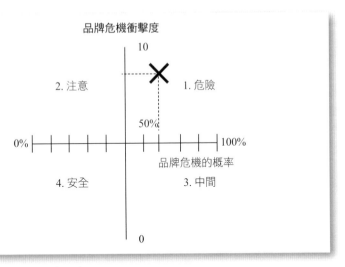

圖 8-1　危機嚴重程度量表

Steven Fink, Crisis Management: Planning for the Inevitable (New York: American Management Association, 1986) , p45.

險區域，作為最優先處理，易言之，當順序排列已定之後，這也就規範了資源的分配與運用（見圖 8-1）。

美國哈佛大學商學院教授唐納薩爾（Donald N. Sull），也是《成功不墜》一書的作者，也有同樣的看法。他指出品牌危機領導人的兩大議題，除了必須具備掌握局勢變化方向的敏銳度，還必須擁有排定處理優先順序的能力。

四、建構品牌智庫

品牌智庫可提出跳脫單位的固有意見，提出更多可能解決危機的選項。由於品牌智庫的存在，有機會讓決策者能夠統合內部意見與外在智庫的建議，突破窠臼，找到更具效力的解決方案。

五、提出危機處理方案

處理品牌危機方案的設計有一定的假設前提，這一個假設前提的正確與否，攸關整體方案能否成功。方案前提的假設必須與事實愈接近，才愈能在危機爆發時發揮功效。此外，提出方案階段不是只提一種方案，而是針對不同程度與品牌類型危機的「群組方案」，所以有「狀況一」的第一「群組方案」、第二「群組方案」、第三「群組方案」……。

六、方案測試與確認

在測試品牌處理方案階段，有三項是應該加以特別注意的，一是方案的可行性，二是正確性，三是即時性，這三種特性能夠彼此相容，而不是相互矛盾衝突。在測試品牌危機處理方案時，除了應該從嚴、從難，以考量方案的可行性與正確性之外，同時也要在執行方案時，測試執行方案編組人員的快速反應能力。這個階段的重點，就是要找出能解決品牌危機的方案，淘汰錯誤的方案。如果沒有透過測試階段找出來，而一直等到品牌危機爆發才知道，不但為時已晚，而且也會拖累政府。

在測試時，當第一案失效或不適用，緊接著就要立刻實施第二案，並以此類推，每一方案都是緊密關聯的「群組方案」。經過測試階段之後，就要比較評估各「群組方案」的優缺點，選出各不同類別最佳方案及備選方案。方案測試的結果，不僅可以證實方案的可行性，更可進一步驗證或修正假設前提。正是《孫子兵法》所言，「夫未戰而廟算勝者，得算多也；未戰而廟算不勝者，得算少也。多算勝，少算不勝，而況於無算乎！吾以此觀之，勝負見矣。」

七、定期演練

定期演練可增加快速反應的能力，以及處理的純熟度。危機可能不斷對外發展與擴散，所以快速反應是品牌危機管理與處理的先決條件。正因爲這個緣故，透過定期演練可以了解方案及處理人員，是否具有快速反應的特質。

八、建構品牌策略聯盟

人力、資金、技術與處理品牌危機經驗，都是危機處理所不不可或缺的。但沒有一個組織能夠保證前述各項資源，在品牌危機不斷變化中，都是非常充分的。「多算勝、少算不勝，何況無算」，因此品牌危機若是爆發，單靠組織個別的力量，很可能無法來解決。爲求能迅速化解危機，借助外來的力量，顯然是一項重要的管道。

爲了預防潛在的災難，以及增加處理品牌危機時多一分勝算的把握，品牌策略聯盟有其不可忽略的重要性。若是在危機爆發之後，才去尋求可能「借力」的品牌策略聯盟，其困難度會比品牌危機爆發前來得高。爲希望有足夠資源來解決危機，就應該事前規劃，而不是臨渴掘井，否則，即使要「借力」，也不知道由誰借？要到哪裡借？即使借，屆時要拿什麼去償還或「報答」呢？會不會得不償失呢？這些都是品牌危機管理應該考慮的重要議題。

九、建構偵測系統

針對不同的品牌危機型態，所設定的指標是不同的，所以應有不同的偵測系統，才能有效找出品牌危機因子。如若缺乏偵測品牌危機的系統，就不會知道品牌危機因子已經出現，整個系統

已進入品牌危機生命週期的階段。當然在不知道的情況下，就不
會採取行動，結果只會使品牌危機更為惡化。

十、建構及時通報系統

通報系統的目的，主要是讓品牌危機處理小組能在最短的時
間，掌握最新情況以應變。同時藉此系統可以使品牌危機處理小
組，迅速下達指導方針與處理步驟。一旦通報系統出現問題，很
可能就會錯失先機，而使危機蔓延擴大。

十一、建構士氣鼓舞機制

從品牌危機處理史，可以看出品牌危機領導人及危機處理人
員，在處理危機時的心理壓力是極大的。要如何化解或對抗危機
這個心理壓力，士氣鼓舞機制是一個可以思考的方向。這個機制
不易在危機爆發後才建構，因為屆時應付危機都已措手不及，何
來人員去建構士氣鼓舞機制，所以此機制應該在危機預防時期建
立。

十二、建構運籌系統

危機處理小組所需要的軟硬體設備（含通訊設備），以及基
本飲食等，都需要有後勤系統來支持。尤其是曠日費時的危機，
更需要完善的運籌系統。

十三、動員資源處理

危機管理階段仍需動員各類資源來對抗危機、降低危機的實
際傷害。危機預防階段不是沒有處理，而是在處理時，危機尚未
發展成危機風暴。

▌第三節　品牌危機處理

　　網際網路時代的品牌危機決策，與傳統危機決策最大不同點，在於品牌危機處理的反應時間。尤其在品牌危機剛爆發的階段，若無迅速處理，將會波及其他領域。可是此時的處理，相較於品牌危機預防時期來說更為困難。因為品牌危機爆發之際，常有措手不及、資訊不足、壓力極大、破壞力極強、可反應的時間極短、危機處理的選項極為有限等制約。其中最大的制約，是來自於外在危機與內在心理所交織而成的壓力與衝擊。基本上，決策者將面臨兩大衝擊：

　　第一、當品牌危機越嚴重，決策高層在情緒上，越會出現重鬱（Major Depression）的壓力現象，而有麻木、恐懼、驚嚇、悲傷等強烈症狀，更嚴重者甚至出現自殺等念頭。在行為上的主要特徵是，會急於保護受危機威脅到的生命與財產。

　　第二、身體上通常出現的症狀是：胃口改變、有消化問題、頭痛、失眠、惡夢、心神不寧、呼吸困難，甚至嚴重影響到心理免疫力；此外在情緒上的特殊徵兆是，易怒、懷疑、急躁等，有時會出現冷漠、憂鬱或自責愧疚等情緒。受危機波及者的行為反應，特別會顯示對未來具有強烈焦慮感，而產生從家人或朋友當中退縮，或強烈想要與他人分享危機經驗的感受。

　　其實在品牌危機爆發後的不利狀況下，仍有機會扭轉乾坤、反敗為勝，它的具體實踐程序可歸納為下列十項：

一、品牌專案小組全權處理

　　品牌危機決策最怕就是沒有設立品牌危機處理的小組，或會

議太慢召開，或部門互推責任，導致品牌危機在各單位間打轉，而使品牌危機不斷升高，並向其他領域擴散，最後使危害持續擴大。成立品牌專案小組時，應注意下列兩件事：

（一）指揮體系：品牌危機處理的指揮體系必須明確，才能上令下達，群策群力，朝一致方向來共同奮鬥，解決危機。反之，如果指揮體系不明、權責不清，則可能形成組織內衝突，彼此相互抵銷力量。Michael D. Watkins 及 Max H. Bazerman 兩位學者認為，危機是否可以避免，與領導者有密切的關係，並更明確提出三項議題作為領導人的重要任務，一是領導人是否認知到威脅？二是領導人對於威脅嚴重性的順序排列是否恰當？三是領導人是否能有效動員？為了充分發揮組織的戰力，危機領導人及危機管理小組成員，必須要能夠了解，每一個小組成員的強項與弱點，才能發揮截長補短的功能。

危機領導有四點需要注意：

1. 慎謀能斷：應抓住第一階段所收集的資訊，當機立斷，解決公司的危機。例如，2008 年 5 月 26 日，美國影星莎朗‧史東在電影節目上接受訪問時，對汶川大地震發表了不當言論，立刻引起各方聲討。莎朗‧史東所代言的法國迪奧（Dior）品牌，在第一時間立刻發表聲明：宣稱絕對不認同莎朗‧史東的言論。迪奧隨後又進一步發布聲明：「立即撤銷並停止任何與莎朗‧史東有關的形象廣告、市場宣傳以及商業活動。我們對此次四川汶川大地震中，不幸遇難的人表示哀悼，並對災區的人民，表示深切的同情和慰問。我們重申對中國市場的長期承諾，並對災區重建予以鼎力支持。」

2. 速度要快：2010 年 2 月初，豐田汽車品牌由於煞車被卡住，而產生了暴衝危機。其實根據美國國家高速公路局的資料，早在 2009 年 6 月，就已經造成人員意外死亡，還引起許多消費者的抱怨。但因危機處理行動過慢，而造成更大危機。單單從全球各地召回汽車維修，就要耗去 300 多億台幣。

3. 臨危不亂：企業爆發危機後，危機所造成的混亂，往往使決策者憂鬱、緊張、焦慮、失眠，而導致決策者層層的心理障礙，如此則易喪失處理危機的第一時間。

4. 目標明確：目標是決策的方向。沒有目標，決策就會失去方向，並缺乏效益衡量的標準。有了清晰明確的處理目標，才能使處理人員有所依據。這對於爭取機會、化解危險都有助益。但是企業要如何把握決策的目標呢？其具體方法是：（1）確認企業真正企圖所在；（2）分析妨礙目標達成的因素；（3）用排除法放棄枝節因素；（4）即時糾正企業錯誤的判斷。2008 年 9 月中國大陸爆發毒奶事件後，金車公司就主動送驗旗下產品，並主動告知消費者，某些金車商品確實受到三聚氰胺汙染。金車公司本來有機會偷偷地撤換有問題的品牌產品，以減少公司的損失。但金車飲料公司的目標，卻不是減少回收商品的損失成本（一億元），而是藉此時機凸顯公司一本誠信的品牌理念，所以後續的行動是，主動公佈、道歉、回收和換配方，這就是把品牌價值公諸於世的最佳時機。表面上雖然有損失，但是這等於宣傳金車飲料公司的品牌，重視消費者安全遠超過金錢損失，從另一個角度來說，等於塑造了新的品牌故事，讓消費大眾增加對伯朗品牌的信任度。

（二）預備隊：品牌危機管理小組應該要有預備隊，否則在

二十四小時全天候備戰的情況下，一旦危機延滯，其中有人因長期壓力而無法執行任務時，將對品牌危機處理產生嚴重困擾。

二、蒐集品牌危機資訊

關於品牌危機相關資訊的蒐集，特別是關鍵性的品牌客觀數據，除重視來源的可信度，也必須正確地詮釋、評估、運用，這是擬定品牌危機對策及對外溝通所不可或缺的步驟。經驗和直覺對於品牌危機處理者，雖有其一定程度的作用，但是以往的經驗，是否適用於此次的品牌危機，這是值得商榷的。如果沒有客觀的統計數據，即使是品牌危機處理專家們，對於危機爆發前的徵兆，也可能會有所爭議。所以客觀的統計數據，對於危機嚴重程度的評估及爾後的品牌危機處理，有絕對正面的助益。針對所搜尋的各類議題，尤其是潛在的危機因素，要不斷地分析和評估，各種爆發的可能性及威脅性。

但在此有兩點必須注意的事項：

1. 基本資料來源的精確度：若品牌危機最前線的負責人無法研判，就要迅速將狀況反映至品牌專案小組，再由品牌專案小組就全局狀況統合分析，如此則更能掌握資料的可信度與有效性。如果根據錯誤資料做決策，其正確的機率幾乎微乎其微。因此品牌資料在輸入前，必須確認其正確性。

2. 資料的篩選機制：若缺乏有效的品牌資料過濾機制，當資料流量過於龐雜，又沒有周全的品牌決策支援系統，就可能出現品牌「分析癱瘓」（Analysis Paralysis）的現象。品牌分析癱瘓主要的症狀是，對於品牌危機應該做出的決定，卻無法及時下達決定。這主要是因為考慮品牌變數過多，手忙腳亂，既做不出

該有的結論，又因爲資料堆積如山難以分析，而拖到採取行動的時機消逝，品牌危機再生變化爲止，仍無法做出任何有效的品牌決策。實際上發現，當「品牌專案小組」對於內外環境及內部組織的資料研判之後，篩選出的品牌危機資訊有時多達七、八十項，此時就有必要借助危機決策系統，來協助小組的工作。

三、診斷品牌危機

品牌危機資料來源，可能是不同領域的片段，所以應該要在統合後迅速進行品牌診斷。品牌診斷重點應置於下列四方面：

（一）辨識品牌危機根源。

（二）品牌危機威脅的程度。

（三）品牌危機擴散的範圍。

（四）品牌危機變遷的方向。

有許多研究顯示品牌危機爆發後，處理時間非常有限，因此常會出現品牌「危機幻覺」（Crisis Hallucination）。品牌「危機幻覺」的產生，常是由於人的主觀因素（經驗、情緒、年齡和性別等），以及外在刺激的干擾，使得資訊受到曲解。這種幻覺會造成輕估、低估、高估等誤判的現象，這種幻覺可能使危機升高，也可能浪費處理品牌危機的重要資源，甚至延誤品牌危機的處理。美國哈佛大學商學院教授唐納薩爾認爲，危機領導人的價值，就在於判斷力以及將資源投入在最關鍵的議題上。

四、確認品牌決策方案

品牌危機處理的總指揮官，應發揮品牌團隊最高統合戰力，

把握危機中的任何機會，從可行方案中選擇最適合達成目標的方案，這是本階段最重要的任務。若能根據品牌危機預防期所擬定各種解決品牌危機的行動方案，從中擇一，宣布下達實施，此乃最理想的狀態。儘管方案雖然未必是毫無缺點，但它可能是實現決策目標方案中，成功機率最高的。

在方案提出與確認的階段，最重要的就是要有清楚具體的目標，因為目標是決策的方向，沒有目標，決策就會失去方向，缺乏效益衡量的標準。清晰明確的處理目標，才能使處理人員有所依據。但無論是哪一種，都應該將目標與期望讓組織成員了解，以利執行。

五、執行處理戰略

品牌戰略若有誤，會更加大處理品牌危機與危機擴散之間的時間落差。當品牌危機處理的速度慢於品牌危機擴散的速度，有可能危機尚未解決，又併發另一個新的危機。再加上資訊不足及時間壓力，更易使品牌危機複雜難解。為化解此品牌危機，唯有針對品牌危機根源，採行正確的指導方針與處理戰略，才能提高絕處逢生的機率。若能採危機預防措施，在品牌危機尚未擴散到達的領域，先設立防火牆，如此更能增加危機處理的效益。

六、處理危機重點

品牌危機處理的重點，應置於品牌病源及外顯症狀，但在考量處理方式時，則應以全局綜合判斷。為什麼品牌危機爆發時，危機處理的考量是全局性的思考，而非枝節？因為枝節容易掛一漏萬，無法周全。

七、尋求外來支援

品牌危機初爆發之際，品牌病源可能不確定，也可能極為嚴重，同時也不一定有把握能處理成功。若能在處理的同時，也及時思考並尋求外來支援，例如政府的紓困，則成功處理品牌危機的機率將會提高。

八、指揮與溝通系統

品牌危機決策之後，為保證每位執行者都了解自己在品牌危機處理中所負責的任務與內容，就有賴指揮與通訊系統的建構。由於缺乏品牌危機的溝通而造成的錯誤，往往極為嚴重。

九、提升無形戰力

危機有賴人的處理，而人又受到情緒的制約，要如何解除情緒的困擾，調動人的積極性，能有「雖千萬人吾往矣」的無形戰力，實為危機時刻最需要的戰力。品牌危機管理的分析，基本上都是客觀的數據，很少將危機時刻的士氣，納入通盤的考量，其實主觀上不屈不撓的意志與奮鬥力，常是凝聚企業向心力，對抗危機的利器。所以士氣高昂的處理團隊，相較於士氣低落的品牌團隊，更能以最少的代價，來完成所交付的使命。

十、危機後的檢討與恢復

在遭遇品牌危機重擊之後，除了必須檢討危機發生的根源，以免再度發生之外，更應迅速恢復既定的功能或轉型。

第四節　品牌危機溝通

品牌危機溝通不是為溝通而溝通，危機溝通的主要任務，在

於化解品牌危機處理的障礙，並增加品牌危機處理的成功機率。
所以品牌危機溝通的眞正精神是，在面對實際品牌危機或潛在危
機時，相互交換資訊解除危機的整個過程。爲了達到危機溝通的
目的，應針對下列這些重點加以說明：

一、發言人制度

從品牌危機處理史來看，幾乎每一個重大品牌危機，都伴隨
有謠言。爲什麼會有這種情形呢？這是因爲危機爆發之初，對它
的認識有限，加上社會的恐懼，及缺乏有效的處理，因而提供從
眾行爲最好的溫床。另外從網路、平面媒體到電視新聞，這些媒
體有著看似權威的包裝，但許多知識幾乎都是未加證實的，社會
民眾因不易比對資訊虛實，往往就在寧可信其有的心態下，接受
這些似是而非的「事實」。這樣的結果，會造成品牌危機處理更
加地困難。針對這種資訊模糊缺乏，各種謠言與小道消息充斥的
情況，澄清謠言顯然是一項重點。

所以品牌危機溝通不是只有發言人，而是建構一個以發言人
爲核心的制度，它的任務包含輿情反應、分析及謠言的駁斥，完
成品牌危機處理總目標的達成。爲順利完成任務，在數位化的時
代，建構網路溝通中心是必須的。

發言人在品牌危機管理小組，具有非常重要且專業的功能，
他們代表企業在危機期間對外的聲音。發言人必須能夠與媒體相
處，能快速思考並精確回答問題，有時更需導正媒體，所提出的
品牌錯誤觀念與議題。Judith C. Hoffman 指出品牌危機爆發後的
幾小時，當各種媒體將品牌危機訊息，傳播到社會時，此時發言
人及品牌危機領導者的行動極爲重要，它幾乎是能左右未來品牌

名譽，能否維持的重點所在。

二、危機溝通計畫

危機溝通計畫是指導整個危機溝通過程的精神，因此它的涵蓋性與正確性極為重要。國際學者大致認為危機溝通計畫應該涵蓋十項要點：（1）簡介：計畫目的、計畫範圍、危機背景、危機本質、誰會被危機影響到；（2）權威（可信度）：在什麼組織或法律權威下，來溝通這個危機；（3）危機溝通努力的目的；（4）特殊目標；（5）了解群眾：群眾資訊的蒐集，主要群眾的特質；（6）危機溝通戰略；（7）評估戰略；（8）程序與資源，主要涉及三方面：細節，包括確認危機及負責完成的人、預算、其他可用資源；（9）內部溝通；（10）簽名以示負責。

三、品牌危機溝通戰略

危機溝通是化解危機必要的工具，但擬定溝通戰略時，應充分了解社會的需要及危機的本質。危機溝通戰略歸納為五點：

（一）顧客至上：嬌生公司（Johnson & Johnson）的品牌關係產品泰利諾（Tylenol）膠囊止痛藥，因被刻意下毒，而導致 7 位消費者意外死亡。董事長柏客（James Burke）認為嬌生的品牌精神，就是為了消費者健康而存在，在以顧客至上的前提下，乃決定立刻全面回收膠囊。同時，嬌生的發言人不斷在媒體上，呼籲消費者停止購買這種膠囊，工廠也開始重新設計包裝，讓民眾可以拿舊產品去更換。另一方面，嬌生發出 500 萬封電報給醫生等團體告知檢驗結果，同時開放 800 條民眾諮詢專線，並懸賞 10 萬美元緝捕嫌犯。這一連串的危機溝通，雖然使嬌生帳面上損失

一億美元（約合新台幣三十二億七千萬元），卻反而使嬌生很快地贏得消費者信任，更凸顯企業品牌價值與品牌形象。

保力達公司也發生「毒蠻牛」的類似事件，品牌企業的因應策略就是積極全面回收該產品，配合政府緝兇歸案、重新包裝，並製作感性訴求的新廣告，爭取消費者信任，同時定位品牌企業也是受害者，使群眾相信組織是無心之過，使品牌形象轉為負責任的，重視消費者安全與健康。

（二）快速澄清：2001年台灣屈臣氏被指控販賣過期商品，並指使員工砸毀商品，然後再以921震災之名，企圖詐領保險金，但屈臣氏卻只以「聲明稿」否認一切指控，並迴避採訪；直到事發後將近兩週，屈臣氏才召開了一場門禁森嚴的記者會，更加深媒體對其「不誠實」的負面印象。

（三）快速反應：對於危機應加快處理速度，以防範危機擴散，及其相關連鎖反應。幾年前，花旗銀行發生網路客戶資料外洩事件。首先發現這個重大缺失的消費者，最先試圖透過客服人員向主管反應，折騰數日卻沒有結果，最後消費者只好訴諸媒體。儘管消息見報後，台灣區消費金融事業負責人管國霖，立刻出面道歉說明，但這時議題已從單純的「網路程式設計疏失」，轉變成「粉飾太平，不顧消費者權益」，品牌企業的形象大損。

（四）找公信力單位介入：美國一名男子在1993年，向電視台宣稱在百事可樂罐中，發現一根針筒。經百事可樂的分析，這應該是場惡作劇。於是，他們當天就把百事可樂的裝瓶過程，拍成錄影帶分送給各電視媒體。錄影帶中顯示，裝瓶過程不到1秒，像針筒這麼大的物體，幾乎不可能掉進去。當晚，百事可樂的執行長更與食品衛生官員，同時接受訪問，官員強調作假指控

可能遭受的懲罰，也認為無法從此單一事件推測出全國產品都遭受污染，間接為企業的澄清做了背書。幾天後，那名把針筒放進百事可樂瓶中的嫌犯，便宣告落網。

（五）誠心道歉：有錯則改，可使企業百尺竿頭更進一步。但是許多品牌企業的危機，是因其品牌已經揚名國際，所以不但輕忽危機，而且也藐視危機的殺傷力。例如，耐吉（NIKE）公司安排職籃明星喬丹（Michael Jordon），在 2004 年 10 月來台宣傳，舉辦球迷表演會。然而過程卻只有現身 90 秒，與預期差距過大，因而引發上千球迷不滿。危機爆發後，台灣 NIKE 的態度十分強硬，只願贈送球迷海報及球鞋，聊表「心意」，但不道歉！直到球迷抗議，進而與消基會共同發起拒買 NIKE 商品，檢調最後也介入調查，台灣 NIKE 總經理林欽禮才在事發 6 天後，親自鞠躬道歉。

伊利諾大學法學院教授羅伯奈特（Jennifer K. Robbennolt）的研究顯示，誠心的道歉，可以減少一半的官司：每兩件官司，就有一件是因為缺少誠心的道歉。換言之，只要在第一時間表示「誠心」的道歉，通常可以避免傷害繼續擴大，甚至「誠心」付出錯誤的代價，可能將危機化為轉機。

嬌生事件在二十年後，翻版演出。同樣是止痛藥，默克藥廠董事長吉爾馬丁（Raymond Gilmartin），卻在 2004 年做出迥然不同的決策。部分研究顯示，當時默克的品牌藥品 Vioxx，有提高中風與心臟病的風險，美國食品暨藥物管理局（FDA）展開進一步調查。一開始，吉爾馬丁堅持不道歉、不下架。後來默克內部研究顯示，該藥確實有可能提高中風與心臟病的風險。最終他才決定將藥品下架，但為時已晚，默克股價在隨後三日內崩盤，大

跌逾四成。不久該藥就在市場消失，吉爾馬丁也因此提前退休。

四、品牌要展現其承諾與核心價值

　　品牌企業的發言人召開記者會時，千萬不要有敷衍塞責的言論出現，因此要注意以下六點。

1. 不要把迴避媒體當作一個策略：愈是迴避，記者就愈會起疑心，也會加深社會大眾反感。

2. 如果企業本身不提供資訊，只是一味的「閃躲」或「封鎖」消息，就會很容易造成社會大眾的猜疑，也會讓記者有「揮灑」的空間，這一個空間在危機爆發之際，對於企業的報導顯然有百害而無一利。所以，切記不要說「不予置評」這一類的語詞。

3. 堅持事實：對於假設性問題（hypothetical questions），沒有一定要回答的義務，可強調在堅持事實。例如：「我不會對假設的情況進行猜測，我再重複一遍……」。

4. 不要陷入惡意陷阱：在採訪者停頓的時候，他們通常是希望你來說，或者是向他們提供你不希望被引用的話，還是要記住「證人法則」。

5. 堅持誠信：簡潔扼要回答；如果必要的話，對細節應有所保留，但是不要說謊。可信度對成功來說非常重要，所以不要破壞企業的信譽。

6. 堅持品牌價值：如果不得不承認錯誤，那麼要同時陳述相關的事實，並清楚地說明企業採取了哪些措施來彌補錯誤，且須強調公司，將來一定會採取一些措施，以避免再次發生類似的錯誤，以維護品牌價值。

9

品牌國際化

🛍 第一節　規劃品牌國際化

在全球化的國際市場競爭的戰場，品牌往往是決定企業成功與否的重要關鍵。唯有升級爲全球化的品牌，才得以擺脫以往削價競爭的惡性循環，進而提升市場的競爭力與維持獲利。

品牌國際化是企業今後營運發展趨勢。爲達此目標，企業的生存，不僅要重視製造和技術的提高，更重要的是在國際市場上建立品牌的配銷通路、品牌廣告，以及各種國際行銷活動。

國際化的過程中，除了要有創意、資金、人力、物力、設備外，尚需注意各國民情、法律、關稅、經濟結構、經濟發展、產業結構、購買習慣、地理特性、文化傳統、顧客消費品味、結構及技術水準等行銷變數，所以進入國際市場的難度，及不確定性也較高。品牌企業常發生滑鐵盧的原因是：缺乏足夠的時間去做市場調查與分析；缺乏海外市場的可靠數據；缺乏選擇正確的目標市場與目標消費族群；沒有將產品功能調整爲符合當地消費者需求；缺乏合適的策略性夥伴。因此，在規劃品牌國際化策略時，應有其一定程序遵循，以下依照各程序加以說明。

一、界定使命、目標

（一）使命：即解釋企業行銷海外的必要性。這是由創辦人或主要策略制定者，針對企業競爭範疇（即競爭市場）、成長方向（即未來產品市場與技術）、功能性領域的策略本質、事業本身的基本資產與技能等，所綜合而成。

（二）目標：通常，目標會受股東、員工、企業經營階層的策略企圖，及其他內部關係人等外部利害人的影響，但在目標選

擇上，大致以：（1）銷售額成長／規模成長；（2）獲利的改進；
（3）平衡公司策略性投資組合等為主。有了清楚的市場目標，品
牌各策略事業單位在未來發展的十字路口上，就不會陷入徬徨、
不知所措的境況；同時，也可避免因資源分配及績效衡量所引發
的爭議。一般來說，進入國際市場的目標，最主要的是經濟性目
標，因為這是支撐企業成長的重要力量，有可能會涉及到企業長
遠的生存目標，以及企業營運獲利的目標。

Ansoff 和 Mcdonnell 將企業分成四種類型目標：（1）績效目
標：由進行活動方式，來追求成長性與利潤性目標；（2）風險目
標：經由活動追求策略穩固性，與策略機會性目標；（3）綜效目
標：經由活動追求管理性、策略性、功能性的目標；（4）社會目
標：從事慈善活動，負起社會環保責任為目標，以帶動員工福利、
滿足社會需求為主。

二、市場環境分析

經營資源、消費者、流通、競手、潛在市場等變數，都屬於
市場環境這一大類。在分析外部市場環境時，應將重點置於經濟、
財務、社會文化以及政治法律等方面，如下所述：

（一）經濟環境面：當地市場的大小、人民生活水準、國民
所得、經濟制度、貿易障礙、區域整合、市場成長性等，都與品
牌國際化密切關聯。例如，印度市場和中國市場在經濟環境上，
就有其吸引人之處。

（二）財務面：利率、匯率、通貨膨脹率、失業率、銀行融
資難易度、帳款回收難易度、資金籌措難易度、高比例自有資金
難易度等。

（三）社會文化環境面：文化因素對品牌國際化在不同國家的影響力，其顯著性也不相同，例如回教國家的文化，顯然不同於英國的基督教文化、印度的印度教文化，或泰國的佛教文化。以歐洲來說，本身就是個擁有複雜歷史文化的市場，每個國家、每個區域都有不同的文化，又如歐美與日本的消費市場，民族習性也截然不同，對於後續品牌的操作戰略，差異性極大。像歐美市場由於地域廣、市場大，品牌多屬長期操作的手法。日本市場的科技與資訊業高居全球前三名，一般消費者尤以年輕族群為主，「快速接受」、「無法持續忠誠」為其特性，故日本打造品牌，一向多以短期開發、大量曝光度、快速輪替為主要手法。

（四）政治法律環境面：各國意識型態差異、政治利益衝突以及政治法律環境，對品牌國際化也會造成不同程度的風險。

三、評估能力與抉擇市場

評估能力與抉擇市場，兩者要同時進行，否則徒有期盼，卻無能力進入該國際目標市場，那也是枉然！在能力評估上，由於進入國際市場必須面臨新的策略嘗試，同時也要支付甚高的策略性資訊成本，所以在管理上容易造成衝突。一旦溝通、協調及整合趨於複雜，就需要足夠的行銷管理與品牌發展人才，來深入了解當地文化、風俗民情、媒體運作模式以及消費者之使用習慣，才能創造出符合市場的品牌。除了國際品牌管理人才，內部的生產設施、研發技術、財務資源、人力資源、企業形象，及產品、通路、價格、推廣、公權力、民意等內在的變數，都是達成目標的要素。

能力是相對的，所以也要與競爭者相比較，因此對於同業主

要競爭對手、潛在競爭對手（產能、產量、價格、市場占有率）等概況，也都要進行了解。《孫子兵法》所謂：「多算勝、少算不勝，何況於無算」，就是這個道理。

在抉擇未來發展市場目標及行銷活動時，可以市場調查爲根據，再進行市場區隔、價值定位，進而選擇品牌目標市場的程序，輔以目標市場競爭情勢、未來機會及威脅。在選擇國際化目標市場時，地理位置與地緣關係，也是要考慮的因素。例如，台灣與大陸、美國與智利，彼此距離就會影響是否具有市場競爭力，以及相關進入的策略。

四、研擬策略計畫

策略的部分，涵蓋市場劃分、產品與市場組合、通路建立與整編、資訊系統、預算。完成策略研擬後，所要進行的是人員整編、組織建構，與指揮系統的建立，最後則是根據市場通路情報，擬定市場組合策略。

五、組織、執行、管理

品牌國際化的產出導向是按組織的產出類別、銷售對象、銷售地爲基準，分爲產品基礎、地區基礎、顧客基礎三種組織型態。爲確保目標能達成，應建構衡量實質績效的標準，以作爲總公司對海外子公司的管理。基本上有三大類，一是總公司建立策略目標及長期規劃，由海外子公司依此擬定個別目標及計畫；二是由總公司決定一般策略、政策，並評估海外子公司的營運績效，甚至統籌擬定有關品牌人才的甄審、任用、具體計畫內容與實施程序；三、海外子公司完全獨立自主，總公司毫不過問。

六、有效運用當地品牌人才

　　Kennex 打開美國市場，靠的是美國公司的董事長德瑞克（Charles Drake），他以物美價廉為銷售策略，便讓 Kennex 在美國衝到第三名的品牌業績。法國市場則是由賴雷諾賀（Gilbert Lenoir）總經理統籌管理，他要求經銷商，先支付訂金才能賣肯尼士的產品，但日後進貨時可以扣抵，並享有光男的供貨折扣。公司拿到這些訂金後，即可贊助俱樂部，簽下明星球員、國家教練來代言，這樣的行銷手法讓 Kennex 躍居法國第一品牌，售價比美國價格多出一倍。

　　在高度競爭的全球市場，企業要成功地建立國際品牌，就必須抉擇海外市場，同時也要有設計、R&D、品質等多方面的支持與配合。若能設立企業營運總部，進行全球運籌管理與經營，將設計、行銷和生產等要素活動置於全球最佳利益的地位，使產品從誕生到銷售的過程中，都能充分展現出差異化，並提高商品的競爭力，如此就能集結設計人才，來設計、開發產品，進而對品牌進行全球化的行銷。運用全球化採購來降低成本，並進行最有效率的製造及加工，才能有效地整合資源，促使企業提升品質、提高生產附加價值。因此建立品牌營運總部，透過全球運籌的方式，打破地域限制，能有效提升企業品牌國際化的成功機率。

第二節　國際通路

　　品牌企業如何透過行銷通路渠道，把產品賣到國外的消費者手中，這中間牽涉到國際行銷通路（Intermediaries）。行銷通路是業績的咽喉，沒有通路就沒有品牌，通路是決定品牌的重要因

素。若要走向世界，如何擬定有效的通路策略，絕對是品牌成敗的關鍵。

市場常見的銷售模式，有四種：(1) 生產商→消費者；(2) 生產商→零售商→消費者；(3) 生產商→批發商→零售商→消費者，或是生產商→代理商→零售商→消費者；(4) 生產商→代理商→批發商→零售商→消費者。品牌要行銷國際，涉及到國際通路的如傳統行銷、垂直行銷、水平行銷等方式。品牌企業可透過代理商及經銷商的通路，來進入國際的市場。究竟要採取哪一種方式，就須取決於品牌企業的策略。

在決定與哪個通路合作前，應對該通路的客層分析、服務流程、行銷績效及所陳列商品分析等進行調查。其次，選定通路行銷管道時，必須根據通路訪查結果，搭配產品屬性，以選擇最合適的行銷管道。例如，對於單價高、需要專人解說服務比重高的產品，就選擇以較能直接與客戶接觸的直營店來進行。

有鑒於國際通路需要長期耕耘，無法短期見效，因此，做法是先求「有」再求「質」，也就是先在國外建立據點，有了橋頭堡之後，再根據服務能力、財務能力與經營理念等條件，在當地尋找合適的代理商。在求「有」的過程，可以主動找尋願意獨家代理的經銷商，特別是要認同企業的品牌理念，並且具有一定的銷售能力與市場企圖心，才可取得獨家經銷的權利。品牌希望能順利國際化，若是可行，應先找尋通路廣大，且知名度高的優勢通路，彼此互相合作。

要如何才能吸引知名的通路商呢？其實，它的方式很多，不過最核心的還是利潤。利潤的來源就是品牌的品質與價格是否具有競爭力。所以品牌企業在進入新的國際市場時，有三種打開通

路的新做法。

（一）價格：價格必須比當地國的市場產品更有競爭力，以便吸引經銷商加入陣營。

（二）品質：企業必須全力發展高品質產品及研發新種類產品，以嶄新形象引領新的潮流，並與當地國的商品進行市場區隔。以光男企業為例，第一個行銷全球的自有品牌 Kennex 網球拍，該球拍之所以能銷售到全球 60 多個國家，就是因為在 1977 年，研發出碳素纖維球拍新材質，這種質地輕、強度好的球拍，比以往的木製或金屬製球拍都好用，所以改寫了網球拍的歷史。又如韓國的 LG 電子，它借助當地人才，設立研發中心，來提高產品開發能力，打造全新的企業形象，這種做法果真吸引了消費者的注意力，成功地建立起另一種通路方式。另一個例子是巨大公司，董事長特別為歐洲市場成立 IA（Industry Art）生產線，集合廠內表現最好的技術工，要求每個人「用心」做好品質，並親自上場監督。一看到瑕疵，就馬上停止生產線，這與中國海爾電冰箱的品牌國際化精神如出一轍。

（三）參展：參展也是吸引當地通路的辦法，以霹靂系列布袋戲為例，發行海外的模式是先參加國際性影展，吸引各大片商的目光，然後再透過專業的經紀人進行行銷。

一、多家合組單品牌公司

這種透過合資方式成立的純品牌公司（Pure Brand），等於是共同支持一家專業行銷公司來打品牌，並行銷到全世界。它利用國際行銷通路與品牌經營能量，在最有效與最少資金的狀況下，藉著集體行銷、集體參展、集體談判等通路及資源共享，透過聯

盟集體談判，以大幅提高市場競爭利基。

例如，在外貿協會與薌園生技的主導下，2007 年底，邀集幸鑫食品等成立上海合祥商貿公司，並組成台灣食品業品牌策略聯盟。2009 年，聯盟則推出「四季寶島」的新品牌。透過這家新成立的公司，主導台灣食品的聯合併櫃進口業務，品牌包括：奇美、幸鑫、盛香珍、十全、皇族、親親、九福、崇德發等。台灣食品聯盟在大陸的通路，最初有點像台灣高速公路休息站販售中心的縮小版，透過此通路可買到全台各地農特產品。

二、一家成立多品牌公司

在「2006 年台灣前十大國際品牌」中，首度進榜就一舉奪得第九名的喬山健康科技公司，在決定到美國開發產品時，為了打響自有品牌，因此同時成立了三家品牌公司（Vision、Matrix、Horizon），以便協助塑造品牌形象。董事長認為台灣與美國的文化背景畢竟不相同，如果要用台灣人的角度去思考美國人的需求仍有困難。與其如此，不如讓美國的行銷公司去調查當地消費者的需求，才能夠精準地掌握研發與行銷方向。

三、加盟模式

由總公司負責宣傳及資源運籌的加盟方式，能使一家公司迅速取得一定規模，並追求齊一標準。採取加盟的通路策略優點是：(1) 可以快速入市場；(2) 減少開設店面的資金；(3) 利用當地管理人才；(4) 減少人事費用的支出；(5) 減少代理成本。不過在管理上有其限制：(1) 控制品質較難；(2) 人員訓練可能有限制。

四、品牌授權

品牌授權（Brand Licensing）最主要的角色是品牌授權商（Licensors）與品牌被授權商（Licensees）。品牌授權代理是製造商掌握行銷通路、拓展海外市場，用以增加產品銷量最有效的工具之一。這有助於中小企業迅速切入國際市場並站穩腳步。

五、併購

企業欲併購國際市場現有的行銷通路，可以利用現有的行銷通路，迅速進入市場或另一個事業的領域，不僅能有效降低海外營運風險、提升企業的國際化程度、達成持續成長之效益，也成為創造營收的國際行銷新模式。

六、多重通路

基本上，想積極拓展品牌產品或服務的知名度，或大幅擴展市場占有率，唯有多重通路才能百無一疏。以明基來說，在中國大陸已布建了 4,000 多個銷售據點，500 多個直屬經銷商直接出貨。明基的創新行銷是深入每個區域，採取結盟夥伴的本土化策略，並堅持現金發貨，以篩去體質較弱的經銷商，使得通路體系的體質較為穩固。2009 年，食品業聯盟以「四季寶島」品牌，與大陸各地台商協會合作，共同推動連鎖加盟通路。聯盟並逐步布建在大陸銷售通路，包括家樂福、卜蜂蓮花量販、易初蓮花量販等，另在上海靜安寺 900 食品城、天山商廈，以及昆山、蘇州及浙江嘉興等地，陸續設置五家直營門市，以加速拓展市場版圖。

行銷通路在溝通的過程中，製造商提供資訊給經銷商，乃期望經銷商可更了解其產品性質、更有效地協調行銷策略與方案；同時，經銷商亦可提供資訊給製造商，使製造商了解當地市場情

況，針對顧客的需求調整行銷策略，進而吸引顧客上門購買。因此製造商與經銷商在產品與市場資訊方面，彼此可以有效地雙向互相回饋，進而快速掌握市場機會，促進產品的銷售。所以通路成員採取適當的溝通流程，能有效增進通路績效。以法藍瓷品牌爲例，散布世界各地的銷售點，除了回報當地市場銷售最新排行榜，讓法藍瓷得以掌握全球市場第一手訊息，還能回饋最新的市場機會，以其創新的設計更貼近市場需求。

第三節　品牌與進入市場策略

國際進入策略（International Market Entry）是指企業爲了擴張其市場占有率，移轉其產品、技術、人力資源、管理技術或其他資源到海外市場時，所採取的一種機構性安排，包含進入模式策略及國際市場的選擇，主要是爲了組織與管理國際性商業交易，例如契約性移轉、合資、整廠輸出等。

一般而言，品牌企業進軍國際市場的方式，常用的模式包括出口、授權、獨資、合資、加盟、策略聯盟、併購及新設海外子公司（參見上一節的說明）等。

一、出口

最簡單的進入當地國市場的方式，莫過於貿易的出口方式（直接出口或間接出口）。對於國外市場之生產或行銷活動皆不涉入，僅在本國從事生產。透過貿易的手段，作爲進入新市場的策略，可以降低許多營運上的風險，並可先了解地主國商情，作爲未來進入當地市場的踏腳石。但是對於當地國的需求，以及當地消費者的反應等市場靈敏度，仍不免有其盲點存在。

　　日本啤酒進入新的市場，大多先用出口方式，讓當地顧客了解，再以長期而小量的試飲或促銷活動，博得消費者的高品質的口碑後，再逐漸擴大。此外，出口也要考慮兩個市場的差異性，甚至包括天候、溼度等。例如，美國冰箱出口到台灣，會因高溫的影響，容易發生鏽化與脫漆問題。

二、授權

　　代理是指直接進口，維持商品原貌來銷售給消費者；授權則是擁有修改商品的權利，以符合當地消費者需求。一般而言，品牌業者除了要選擇與自己商品屬性相同且擁有同一消費族群之品牌外，還要隨時了解市場脈動及流行趨勢。此外，也需清楚地了解授權品牌之生命週期及品牌授權廠商可提供之資源，如設計概念、行銷活動等。例如，華納蘭茂（Warner-Lambert）開發出一種降膽固醇的新藥利比特（Lipitor），1997年，把它授權給輝瑞（Pfizer）藥廠銷售，因它有健全的銷售網，結果利比特雖然是第五個進入市場的降膽固醇藥，但卻榮登全美銷售第一名。

二、獨資

　　以獨資經營（Wholly Owned Subsidiary）形式，進入當地國市場，此類多為技術水準和產品品質較高的品牌。獨資可更直接接近目標顧客、完全控制經營管理、獨享營運利潤，絕不會有溝通協調的問題，對於營業祕密方式，也能有效保護其技術。但是獨資必須承擔高度的成本與風險，這些風險涵蓋了：外匯管制、匯兌風險、政治風險、易觸犯地主國的法律規定、當地資源與技術的取得、資本市場取得資金不易等問題。

三、合資

這種進入方式是指品牌企業和另一家或多家以上的獨立公司，所共同創立的新企業。若是能與當地品牌企業合資，不僅易於深入在地市場，打入其他國際競爭者所無法進入的本地化圈圈，同時也能與客戶的關係更為緊密。例如，我國旺宏公司與德國西門子（SIEMENS）、美國英特爾（Intel），合資十二億美元在泰國設廠，進行晶片製造。又像捷安特腳踏車，和大陸當地「鳳凰」自行車廠（大陸最大的自行車廠）合資成立了「巨鳳」。其目的是為了擴增其產品線，生產中、低價格的兒童車及自行車，以打入低價市場。

四、加盟

品牌企業授予加盟者一套成熟的 Know-How 及商標使用權，以開設連鎖店、專賣店等形式進軍當地市場；品牌企業既易取得加盟金，又可快速進入市場，取得擴大市場版圖及品牌知名度的優勢。就連鎖加盟總部而言，保留住現有加盟主，並與加盟主發展良好關係，是加盟總部現今最主要的經營策略。因為爭取新顧客的成本，往往比留住舊顧客的成本還要高出三到七倍。

五、策略聯盟

策略聯盟的類型，依特性可分為多種，如研發聯盟、生產聯盟、行銷聯盟、混合式聯盟、互補式聯盟、強化型聯盟。例如，我國旺宏電子與日本鋼管的結盟，合作開發 Flat Cell Mask ROM，使旺宏電子透過日本鋼管打開了日本市場，而日本鋼管也由旺宏處得到了技術，再共同研發提升技術，雙方在市場及技術上獲利；又像 2009 年 2 月，華碩與全球導航系統領導品牌 Garmin 成立策略聯盟，共同合作推出的 Garmin-ASUS 新品牌，不只是智慧型手機的品牌，還是一個融合兩家公司的品牌價值、產品設計、研發創意，以及全球行銷與服務的策略聯盟。

1990 年代以來，策略聯盟（Strategic alliance）已風行全球，其原因不外全球消費環境日趨一致、競爭日益激烈，而企業亦不再以國內市場爲唯一目標。因此，結合其他企業迅速進入國際市場，乃成爲企業降低生產成本、取得新技術、新產品，以及進入新市場的重要途徑。有些企業基於技術互補的原因，組成研發聯盟來截長補短。有些企業則因缺乏行銷通路，而採用行銷聯盟的方式來進入市場。

六、併購

企業透過併購品牌及通路來拓展國際市場，一直是全球產業界相當熱門的話題。因爲已經有愈來愈多的企業，藉由合併和收購（Merge & Acquisition）的方式，壯大規模、整合資源、換取在市場上更有利的位置。對我國業者而言，併購目標市場之品牌與行銷通路，不但可以快速跳脫代工模式，縮短自行摸索時間，亦能有效降低海外營運風險，提升企業的國際化程度，達成持續成長之效益，創造一加一遠大於二的效果。

例如，喬山健康科技是亞洲第一大健身器材品牌，1996 年，併購美國的行銷公司 Trek Fitness（之後變更公司名稱爲 EPIX），並創立自有品牌「Vision」，從此順利打入美國健身器材專賣店市場，也登上了健康醫學科技產業的國際舞台。此外，像成霖企業是以製造金屬水龍頭爲主，其他產品主要有衛浴配件、陶磁潔具等。2007 年，它併入英國配銷商 PJH，這家公司是 B&Q 衛浴產

品的主要供應商。併購品牌之後的成霖，立刻進入當地的市場，並由原品牌進一步擴展至周圍其他國家的市場，且增加了成霖在大陸製造廠的訂單，如表 9-1。

表 9-1　領導者與管理者的差異

	優點	缺點
直接出口	1. 控制力大 2. 經驗累積效果	1. 資源投入過多 2. 風險大 3. 彈性小
授權	1. 投資少，風險小 2. 減少被仿冒的風險 3. 可收取權利金	1. 無法確保品質 2. 無法累積當地市場的經驗 3. 技術外流
委託代工	1. 減少貿易障礙 2. 減少設備投資 3. 有彈性	1. 必須注意品質 2. 必須注意供應量是否充足、 　交貨是否準時
聯盟	1. 分散風險 2. 減少資金 3. 減少競爭 4. 可彼此互補	1. 經營理念可能不合 2. 找不到合適的伙伴

第四節　國際行銷品牌

在國外通路佈局上，除了透過代理商販售外，也以參展、比賽、廣告、舉辦講座、新產品上市活動、生日月份回饋等，傳遞產品訊息，並與消費者建立長久的關係，在國外設立發貨中心，提供即時性的在地化服務，以提高當地國消費者忠誠度。

一、關係行銷

這是以建立維護和改善現有顧客之間的關係，以達到行銷品牌的目的。它通常是從企業所有利益關係人著手，尤其對於往海

外發展的品牌企業，可先從關心當地學校、社區著手，並大力配合當地政府所推行的活動。例如，對於失學者，提供獎學金或學費，以各種潛移默化的方式，將品牌價值傳達出去。

二、參加國際展覽

積極參與國際性商業展覽，使企業品牌或產品品牌成為世界品牌。在參展時，從主題設計到動線規劃、產品陳列到講解，都企圖成為整個展覽會場的焦點。有了規劃完善的會場設計，再加上訓練良好的現場人員講解，使產品的特性充分表達，讓買家在最短時間內親自體驗所有產品，以便強化下單效應，具體達成參展、提升品牌知名度及擴大市場的目的。

三、專業雜誌

針對主要客群，透過國外特定的專業雜誌來接觸目標消費者，特別強調「行銷創意」，讓品牌符號的圖片意象增加目標客群對企業的品牌聯想。此外，在專業的報章雜誌上刊登廣告，以增加品牌曝光機會。

四、同業結盟行銷

台灣機能性紡織品經營有成，目前全球市占率逾 70%，但因品牌知名度較低，價格與國際品牌差距甚大。所以由台灣四大機能性紡織品品牌共組品牌行銷團隊，它們是福懋（Formosa）、宏遠（EverTek）、興采（Singtex）、寧美（Hyperbola）。2008 年 7 月 17 日至 20 日，參與德國福吉莎芬登場的歐洲戶外用品展（European Outdoor Show），並拜訪西班牙知名服裝品牌 Mango、ZARA 布料供應商，推展服飾與布料「雙品牌」。其間還召開記

者會,以壯大聲勢。

五、積極造勢

造勢的方法,莫過於與當地文化結合。一般來說,西方國家特別注意運動,無論是網球、籃球、足球或一些比賽等,都能引起社會大眾注意的目光。以下以三個例子來說明:

(一)昆盈:Genius 品牌自 1985 年創立,至今已逾 20 年,已從原本的電腦週邊品牌,轉型成為全球消費性電子產品的領導品牌。2007 年,共有超過 4,000 萬台 Genius 品牌產品,如喇叭音箱、滑鼠鍵盤、網路相機、耳機、數位相框與遊戲週邊等,與全球累積上億名消費者每日作互動,行銷全世界 85 個國家。昆盈 Genius 品牌以創新領先的技術專利,及極簡與節能的設計美學,獲德國 Reddot 產品設計獎、美國 CES 創新設計及技術獎、德國 IF 產品工業設計大獎、日本 G-Mark 最佳產品設計獎,以及台灣國家產品形象金質獎等,更顯現昆盈 Genius 品牌備受全球與台灣市場的高度肯定。

(二)Maxxis:「用比賽打造專業形象」的行銷手法,一開始是從與輪胎直接相關的各項自行車、摩托車、越野車、房車的地區性小型賽事著手,除了贊助比賽,讓印有鮮橘品牌標示的廣告看板、旗幟在場邊環繞;更與優秀參賽者商談贊助合作,包括免費提供測試與比賽用胎,以及當選手使用 Maxxis 輪胎得獎時,可獲得多少獎金等。透過協助選手在賽車領域中發光發熱,一步步讓輪胎好品質的口碑,在專業車手與一般群眾間發酵。

隨著品牌聲勢上升,Maxxis 轉而贊助全國性的大型賽車競賽,並且與一流明星選手和潛力新秀簽約。此外,Maxxis 更進一

步自辦比賽，如「瑪吉斯盃美國 12 小時越野車大賽」（Maxxis 12 Hours of ATV America）、摩托車的「瑪吉斯盃世界耐力冠軍賽」（Maxxis FIM World Enduro Championship）等，其中許多都是所屬賽事中的重量級大賽。

（三）王品台塑牛排：王品台塑牛排設置於美國比佛利山莊的 PorterHouse，在美國雖然僅此一家，但仍獲得美國最大網站公司 AOL 頒予當地最美味餐廳獎，並在葛萊美頒獎典禮時，特地邀請主廚前往料理美食。

六、增強來源國效應

有的國家已經成功地形塑出國家品牌，例如，提起汽車就想到德國、日本；提起時尚商品，就想到法國、義大利；想到電子產品，就想到日本、韓國；提起觀光，就聯想到泰國、馬來西亞；提起投資，就會想到愛爾蘭、波蘭。國家品牌的塑造，是爲了讓國際人士對於國家的某些特質和特點，產生聯想與特定的印象。

好的國家品牌，可以建立國家優質的形象，消除或改變以往既存的負面印象，一般投資者與消費者也都以國家形象作爲經濟與採購決策的參考。

馬來西亞的做法是，透過國家品牌作業團隊會員（包括品牌建立專業人士、技術專家以及專業諮詢師）的協助，來建立跨產業品牌的發展與宣傳。

新加坡的 BrandPact 品牌發展計畫，主要是協助企業在海外建立品牌，並提供品牌建立訓練、品牌評量、發展品牌獎勵以及品牌資源。

南韓的品牌管理中心，則提供品牌顧問服務和品牌資料庫，

企業可以得到最好的訓練、市場趨勢、海外客戶分析,以及南韓的出口趨勢。

我國除了參考他國的做法,也可在英、德、美等國際重要轉運機場,刊登台灣產業形象廣告,並邀請知名品牌大師 Kevin Keller、品牌教父 Philip Kotler,以及印度軟體之父 Dr. F. C. Kohli 為台灣代言,並拍攝國家品牌形象宣傳影片。於此同時,邀請日、韓、英、匈牙利、羅馬尼亞、義、法、美、巴西等,國際媒體記者團來我國採訪,以擴大中華民國品牌形象的正面效益。有鑒於我競爭對手國日益重視產業與品牌形象,我國政府積極推動整體形象,及加強宣傳可精進的方向,涵蓋下列四項:

(一)建立產業聯合品牌形象設計與規劃的顧問諮詢單位。

(二)駐外單位協助企業,在國外舉行國際記者招待會、新產品發表會、展場形象裝潢、文宣品製作等。

(三)拍攝宣揚中華民國產業形象的品牌短片。

(四)協助中華民國產業處理品牌國際化障礙,以加速進入全球市場。

除上述品牌國際化的具體戰略之外,還可以增加成功機率的是,力邀國際知名巨星代言品牌廣告;積極參與國際認證;以高品質的產品及良好服務累積企業全球聲譽;在每年國外最知名的廠商型錄中,將廣告刊登在最明顯的位置;創意、創新的網路行銷做法;可將品牌商品推展到各國的電視廣告上,以增加全球消費群眾對品牌的理解度;在各國舉辦的專題研討會中交換產品研發的心得與經驗,以建立企業的專業形象;每年固定舉辦全球技術論壇,以同樣的內容,同步在全球重要國家、城市,舉辦技術

論壇；除接受媒體的採訪報導，更要進行國際的公關造勢，以增加企業的知名度與商譽。

國家圖書館出版品預行編目資料

品牌管理／朱延智著. －－二版. －－臺
 北市：五南圖書出版股份有限公司，
 2013.10
 面； 公分
ISBN 978-957-11-7336-8（平裝）

1.品牌 2.品牌行銷

496 102018697

1FR1

品牌管理

作　　者 — 朱延智

發 行 人 — 楊榮川

總 經 理 — 楊士清

總 編 輯 — 楊秀麗

主　　編 — 侯家嵐

責任編輯 — 侯家嵐

文字校對 — 周安琪

封面設計 — 盧盈良

出 版 者 — 五南圖書出版股份有限公司

地　　址：106台北市大安區和平東路二段339號4樓

電　　話：(02)2705-5066　傳　真：(02)2706-6100

網　　址：https://www.wunan.com.tw

電子郵件：wunan@wunan.com.tw

劃撥帳號：01068953

戶　　名：五南圖書出版股份有限公司

法律顧問　林勝安律師

出版日期　2010年3月初版一刷
　　　　　2013年10月二版一刷
　　　　　2023年3月二版五刷

定　　價　新臺幣350元

經典永恆・名著常在

五十週年的獻禮——經典名著文庫

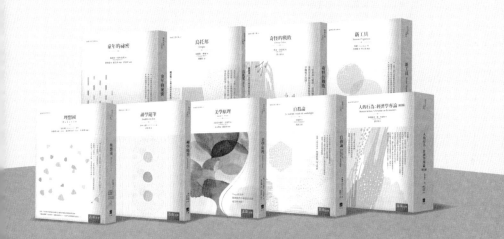

五南，五十年了，半個世紀，人生旅程的一大半，走過來了。

思索著，邁向百年的未來歷程，能為知識界、文化學術界作些什麼？

在速食文化的生態下，有什麼值得讓人雋永品味的？

歷代經典・當今名著，經過時間的洗禮，千錘百鍊，流傳至今，光芒耀人；

不僅使我們能領悟前人的智慧，同時也增深加廣我們思考的深度與視野。

我們決心投入巨資，有計畫的系統梳選，成立「經典名著文庫」，

希望收入古今中外思想性的、充滿睿智與獨見的經典、名著。

這是一項理想性的、永續性的巨大出版工程。

不在意讀者的眾寡，只考慮它的學術價值，力求完整展現先哲思想的軌跡；

為知識界開啟一片智慧之窗，營造一座百花綻放的世界文明公園，

任君遨遊、取菁吸蜜、嘉惠學子！